BINARY

PUZZLE BOOK FOR ADULTS

420 PUZZLES

0			0						
		0			0				
	1						0		0
			1	1			0		
0									0
				1					
1	1				1				
			1				1		
	1	0				0			
		0		1					0

EASY TO HARD

INDEX

Rules

Binary Puzzle(also known as "Binario", "Takuzu") is a fun and challenging puzzle game played on a rectangular or square grid. The goal is to fill in the grid with digits "0" and "1" according to the following rules:

1. Each row and each column must contain the same number of digits "1" and "0" (or one more for odd sized grids).
2. No more than two consecutive cells in a row or column can contain the same number.
3. Each row and each column must be unique and cannot be replicated.

Following is an example of a solved puzzle:

0	0	1	0	0	1	1	0	1	1
1	0	0	1	1	0	0	1	0	1
0	1	1	0	0	1	1	0	1	0
1	0	0	1	1	0	1	0	0	1
0	1	1	0	0	1	0	1	1	0
0	0	1	0	1	0	1	0	1	1
1	1	0	1	0	1	0	1	0	0
0	0	1	1	0	0	1	1	0	1
1	1	0	0	1	1	0	0	1	0
1	1	0	1	1	0	0	1	0	0

EASY #1

		1						1	1
		0	0	1		0			0
0			1	0		1	0		1
		1		0	1		0		1
	0	0							
	0			0	1				
1			1	1	0	0	1		0
0			0	1			1		0
		0	1	0	0	1		0	
			1		1		1	0	0

EASY #2

1	1		1			1			1
0	0	1			1		1		
0			0	1	0		0	1	1
1	1	0	1		1		1		0
1		0	1			0		1	
0						1		0	
0	1		1		1				
	0		0				0		
			0		1		0		0
	1		1		0				0

EASY #3

		1	0		0		1		1
	0	0	1			1	0	1	
					1			1	
							1	0	1
	0	1						1	
0		1	0					0	1
1			0	1	0	0		1	
	0		1	0		1	0		1
	1	0	0	1	1			1	0
					0	0		0	0

EASY #4

	0	0		0				1	1
	0			0	0			1	
	1	1					1		
1	0		1	0		0			
		1		1	0	1	1		1
0		1	0			1			
		0		0	1		0		
	0	1	0	1		1			1
1			0	1			1	0	0
1				0	1				

EASY #5

			1	0		1	0		
		0		1	0	1			
0	0	1			1		1	1	0
1				1			0		0
		0						0	
0			1	0		1			1
							0		0
0	1		0		0	1	0	0	
1	0	1	1		1		1	0	
1	1	0	1	0			0		

EASY #6

				0				1	
0	1		0		0		0		1
				1	1	0	1	1	0
1	0	0			1				
	1		0			1	1		0
0			0		0		1		
			1	0	1	0		1	0
		1			1	0			1
1	1			1		1		1	
1	1			0	0	1		0	

EASY #7

	0		0	0	1				1
0	1	1				0		1	
	0		1			1	1		
1			1	0		1		1	
0	1					0			0
	0	1			0		1	0	
1			1	0	1		1	0	
		1	1		0				1
	1		0	1		0	1	0	
1			1				1	0	

EASY #8

	1	0		1				1	
	0		0	1	0			1	1
1			1				1	0	
	1	1					0	1	0
	1		0		0	1	1		
		1			0		1		
		1		0		0	0	1	1
		0	0			1	0		
1			1						0
		0	1		0	1	1		0

EASY #9

	0			0	0		1	0	
	0	1			1				1
1	1		0		0	0			0
	1							0	
0		1		1		0		1	1
1		1			0	1	1		
1		0	1	0		0			
	0	1	0		0				1
1		0	1			0		0	
1				1	0	0			0

EASY #10

				0		1		1	1
0	1		0	1		0	0		
			1			1	1		0
	0	1		1	0	1		1	1
		0		1					0
0		1		0		1	0		1
1					1				
0	0		0		1	0			
	1					1	0	1	
1	1		1	1	0	0			0

EASY #11

0	1	1	0			1			1
0			0	1				1	
1					1	0	1	1	
0		0	0			1			1
	0				0		0	1	0
0	0					0		1	1
1	1	0	1	0					
0	0						1		
	1	0	1		1	0			
		0	1	1			1	0	0

EASY #12

0		1	0		0	1	1		
			0	1	0				1
			1			0		1	0
0		1		1				1	
	1	0		0		1	0		1
		0	1		1			1	0
1				1	0	1		0	
0			1		0		0		
1	1			0	1	0	0		
1	0				1	0	1		

EASY #13

1									1
	0			0				1	
	1	0	0	1	1	0	1	1	0
1		0	1	1					1
1					1				0
			0	1	0				
			1	1					
1		1	1	0				0	
		1	0	1	1	0	0	1	0
1			1	0	0		0		1

EASY #14

	0	0	1	0	0	1			1
1			1	0		1	0		
0				1			1	0	
			0	1			1		
				0	0	1			1
	1	0							
0	1	0		1			1	1	0
1			1	0			0		0
0	1	1			0		0		
1		0			1			0	0

EASY #15

				1	1	0			
0	0	1	0	1					
1								1	0
0	0		0	1		1	1		
1			1		0			0	1
		0		1		0	1		0
1	0				0				0
		1	1	0		1	1		1
	1		0	1	1		0	1	0
1	1	0				0			

EASY #16

	1	0	0		0				1
	1	0	1	0			0		
0					1			0	1
			1	0			0	1	
1		0	1		0	1			0
		1		1	1	0			
1	0		1	0	1	0		1	0
		0	1		0		0		
	1		0	1				0	
	0				1	1		1	

EASY #17

	0		1	0	1		1		0
			0	0		1	0	1	1
			0					0	
			1		1	0	0	1	
0		1	0		1		0	0	
		0			0	0			1
1						1		1	
0	1		0		1				1
	0		0	1	0	1		0	0
1					0			0	

EASY #18

0	0				1				
0		0	0	1				1	
1	1			0	1			0	
					0	1	1		1
0	0	1	0		1				1
		0			0				0
1		1		0				0	0
0		1	0		0	1	1	0	
		0		0					0
		0	1	1		0			0

EASY #19

1	0	0							
0			1	0		1			0
	1					1			
1	0	0	1	0		0			
0		1	0		1	1	0	1	
0	1		0					0	1
	1	0	1		0			1	
0				1		0			1
		0	0	1	0	1			
1	1	0		0		0	0		

EASY #20

0	0	1	0	1		0		1	
0				1	0			0	
	1						1	0	
				1		1			1
0	1								1
1				1	0	0	1	1	
	1		1			1		1	
0	0		1	0		0		0	1
1		0	0	1					0
1	1	0					0		0

EASY #21

	0			0	0	1		0	1
0		1		0			0		
		0	0	1	1			1	
	0				0		0	0	
0	0							1	0
	1	1	0	0	1		1		
	1	0	0	1		0		1	0
				0			0	0	1
0	1			1			0		
	1	0		1		0		0	

EASY #22

		0			0		1		0
0	0	1		0	1		0		1
		0				0			
1			0		0		0		
0			0			1		0	
			1	0		0	0	1	1
		1			1	0			
	0		0		0				1
1		0			0	0	1		0
1	1			0	1		0	1	0

EASY #23

0	0		0		0	1			
	0	1		0		1	0	1	
1	1								
			0			1	1		1
0	1		1	1	0	1		1	
		1	0			0		1	
1		0				0	1		1
0	1	0	1		1	1		1	
	0		0					0	
1		0		1					

EASY #24

	0		0			1	0		1
	0	1			0	1	0	1	1
	1		1			0	1		
		1	1				1		1
	1				0		0		
		0	1	0					1
	0	1	0	1	0			0	0
	1	0				0	0	1	
0	1					0		0	
			0	0				1	

EASY #25

0	0		0	0		1			1
0		0	1			0			
	0	0	1		1	1			0
0					0		1	0	1
1	1	0					0	0	
0	0	1			1	1		1	
			1			0			0
		0	0				1		1
0	1			0			0		
		1		0	1				

EASY #26

	0	1	1				0		
	0		1	0		1	1		
0	1			1			1		0
			0	0	1		0		1
0		0							
0				1	1			0	1
	1		1	0	1		0	1	0
	1		0	1		1			
	0	1	0	0			1	1	
1	1				0		1	0	0

EASY #27

	0		0	0	1			1	
0				1		0	1		0
1	1	0	1			1	1	0	
			0			0		1	
0			1		0	1			
0				1		1	1	0	
1		0				0	1		0
		1		0		0	0		
	1				0	1			
	1	0	1	1		0	1		0

EASY #28

0		0		1				0	
0	1		1		1		1	1	0
	0			1					
			1			0		0	1
		1	0	1	1		0		0
0	0	1		1		1			
	0	0			1				
0	1	1			1				0
1		1	1	0		1			1
1		0		0	0	1	0		

EASY #29

0		1		1		1		1	1
1	1		0	1	0	1	0	1	0
	0							0	1
	0		0						
	1	0		1	1				0
0		0	1	0	1	0		1	
1		1		0			0		1
0		0				1	0	1	
	1	0		0	1				
	0								

EASY #30

	0	1			1	1	0		
	0						1	1	0
	1		0	1			0		
	0	1	0		0	1	0	1	1
1	1		1				1	0	0
0	1							0	
1	0		0	0			0		0
				1			1	0	1
		0				0			
	1					0	1	0	

EASY #31

0	1				1		0	1	
	0	1				1		1	1
	0	1	1	0		0			
0	1			1		1	1		0
0			0				0		1
1	0		0	0	1				
				1				0	0
	0					1			1
1			0		0	0		1	
	1			0		1		0	1

EASY #32

1	0	0			1	0	0		
1	0		1	0	1	0			
0							0	0	
0					1		0	1	1
	1	0			1		1	0	0
0	0	1		1	0			1	1
0	1		1	1					0
	0							0	1
		0	1		0	0	1	0	

EASY #33

1			1	1		0	1	0	
	1	0		0	0	1		1	0
0	0	1				0			
		1				1	0	1	1
1	1	0	1	0		1		0	
	0			1			1	1	
0		0	1		0		0		
						1		0	
			0	1	1		1		0
	1			0	1		0		

EASY #34

		1		0		1			1
				1		1		0	
1	1	0	1			0			0
				1				0	1
						1	1	0	1
0	0	1	1	0					
	1				0			0	
0		1	0	1			0	1	1
	1		1			1		1	0
	1	0	1		1	0	1		0

EASY #35

	0		1			1	0		1
0		1		1	1	0			1
0			0	0				1	0
1				0					1
0	1	1		1				1	0
	0		0		1	0	0		1
				1				0	0
0			0		0		0	1	
1	1	0	1	0	1	0			
			1	1					

EASY #36

0	0	1				0			
0		0		1	0				
	0				1	0	1		
	0	1			1		0	1	1
	1		1	1		0		0	
1	0				0	1			
	1			0		0	1	0	0
	1	1	0	0	1		0		1
1			1		0	1	1		0
		0				1		0	1

EASY #37

	0		0	0	1				1
				0		0	1		
		0	1		0			1	0
	0		0		0			1	
	0	0			1				
	1	1	0	1					
1	1	0		0	0	1	1	0	0
		1	1	0	1	1		0	
1									0
1	1		1		0	0			

EASY #38

	0	1					1	1	
0	0			1	0			0	
1	1					0			
0	0			0		1			1
		0	1	1				0	
1		1	0		1			1	0
1	1		1			0	1		
			1			0	1	0	
1	1	0		1	0	1	0		
1		0	1			1	0		

EASY #39

0		1	0	1	1	0			1
	0	1	0		1	1		1	
1				0					0
	0	1		1			1	0	1
					0	1	0		
1		0					1		0
					0	1	1		0
0					1	0	0		
1			1		0		1		
	0	1	1				0		0

EASY #40

0	0					1	0		
			1				0		1
0	1	1		1		0	1	0	
0	0			1	0		1	0	1
					0		0		
	1		0			0			
1			1	0	1				
0	0	1	1		0	1	0	1	
1	1	0			1		0		0
	1			1	0		1	0	0

EASY #41

1		0	1	0	0			1	
		1		1		1	0		1
	0				1	0			0
1					0	1		1	
0		1				1	1		
0		0		1		0	1	0	
1	0		1				0		0
		1	1			1	0	1	
1				1	1	0			0
			1					0	0

EASY #42

0	0		0			1		1	
		1	1	0	0				1
		0		1	1	0			0
0	0	1		1	1	0	1		0
0	1						1		
			0		0				0
		0			1		1		
				1	0		0		1
	0		1	0	1		0	1	1
		0		1			1		

EASY #43

	1		0				0		1
	0	1	0		0		0	1	1
	0	1	1	0		1	1		
0	1	0					1	0	
0	0	1	1					1	
1		0					0		
1			0	1				1	0
0	0				1				
1	1	0				0			0
			1	1		0			

EASY #44

0		1	1	0		1			
0			0	0	1				1
1	1		1	1	0	0	1		
0	0			1				0	1
	1	0				1			
1					1	0	1		
	0	1	0	0		0		1	
	1	0							
	1		0		0			0	0
1			1	0		0			

EASY #45

	1				0				1
0			0	0				1	
	0		1		1	0		1	0
		1	0		0			0	1
0	0				1	1	0		1
		0					0		
	0				1		1		0
	0			1		0	0		1
1	1	0			0	1			0
	1		1			0		0	

EASY #46

0			0		0	1	1	0	
	0	1	1	0		0			
1				0	1				
0	0								1
1	0		1	1				1	
0				0	1	1			1
	1	0		1		1		0	
	0				1	0	1	1	0
	1	0	0			1			
		0	1			0	0		0

EASY #47

0		1							1
	0			0	1	1	0	1	1
		0	1	0			1		
			0		0		1		1
0		1		0	1			1	
1	0	0				0			0
1	1	0	0	1	0	1	1	0	
0	1				0				1
	0			0					
		0	1			0			

EASY #48

			0	1	0	1			1
0	0						0		1
	1				0	0	1	0	0
0			0	1			0		
0		1	1	0		0		0	1
	0				0		0	1	
1	1		1		1		0		0
	0		0		1				
	1		1						
	1	0		0		0	1	0	

EASY #49

0	1							1	1
1		1	0		0	1		1	0
0				0	1			0	
	0	1			1			1	
1		1	0	1	0		1		
0	1				1			0	
1	0	1	1	0		0		0	0
	0	1	0						1
	1			0				0	
1		0		1		0	1	0	

EASY #50

	1			1			0		1
	0	1	0			1	0		1
					1		1	0	
				0	0		0		1
0		1		1	1			0	
1		1				1			
		0	1		1	0	0		0
	0	1	0	1	0				
1		0			1	0	0		0
1	1	0	1	0		0			

EASY #51

0		1				1			1
0	1						0		1
		0		0		0			0
0	0					1			
0	1		0				0	1	
1	1	0		1		1			
		1	1	0		0		0	
0		0			1	1	0	1	
1			0	1		0	1		1
1	0		1		1		0		

EASY #52

		1	0			1	0	1	1
	1	0				1			1
0		1	1	0		0	1		0
	0	1	0	1	0			1	
1		0			0	1	1		
		1	0				1		
1	1								
	0					1		1	
0	1	1	0	1	1			0	
1		0	1				1		

EASY #53

	0			0	1		0		1
		0	0	1				1	0
0					1	0			
			1						1
	1	0	0	1		0		0	
0	1	0				1	1		1
	0		1	0					
		1	0	1	1	0			
1	1		1	0		1	0		1
1	1	0	1	1	0	0			0

EASY #54

		0			0	1	1	0	
	0				1		0		
0		1	0	1		0	1	0	
0				1	0	1	0	1	0
								0	1
			1	0	0			1	
0				1		0	1	1	0
				0					
1	1	0			1			1	0
1		0	0	1	0	0			1

EASY #55

0	1		0		0	1	1		
0			0	0					1
					0	0	1		
		0		1			1		1
1		1			0			1	0
		0	1	0	0		0	1	
1	0							0	0
1		0	1					0	1
0	1	1				0			0
		1		0	1	0		0	

EASY #56

				0			0	1	
0					1	1	0	0	
	0				1				
	0	0		0					1
0		1		1	0	1		1	0
0	0		0	1	1	0	0		1
	1		1			0		0	
		1		0	0				1
	1	0					0		
		0		1	0		1	0	0

EASY #57

0		0	1	0	0		0	1	1
		1	0			0	1		
1	0			1	0		1		
0		1	0	0					0
	0			1		0		1	
		0						0	
1		1		0	1				1
		1		0		1			
1	1		0				1	0	
1	1	0				1	1	0	

EASY #58

0	0	1	0	0		1	0		1
		0	1		0		1		1
					1				0
0					0			1	1
		0	1			0		0	0
1	0	1				0	0	1	
0				0					1
		0	1		0				
	0				0	1		1	0
1	1	0	1			0		0	

EASY #59

	1		0		1	0			
	0			1		1	0	1	1
0		1	1	0		0			
1	1		0	1					
	0	1	0		1			0	1
	0	1			1		1		0
1	1					1	0		
	1			1	0		0	1	
				0	1			0	0
						1	1		0

EASY #60

		0	1		1	0		1	
0	0	1		0		1		1	1
	1	1				1			0
1			1	1			1	1	
			1	0		1	0		1
					1			1	1
1			0	1		1			
0	0	1	1		0			0	
		0			1			1	
	1	0	1			0	1		0

EASY #61

1	0		1	0				1	
1				1	1		1		0
	0		0	1	0	1		1	
			1	0			1		
			0	1	0	1	1		0
0	0			1		0		1	1
0	0						1		
	1	0	1			0		1	
0		1		1	1		1	0	
		1	1				0	0	

EASY #62

0	1		0			1	1	0	1
			1	0			0		
1	0	0	1			0		1	
0		0				0			
		1	0		0	1			
			1	0		0		1	
	1	1	0		0		1		
1				0	0	1	0		
1	1		1		1		0	1	0
	1	1				0	1		0

EASY #63

0		0			1	0	0		
	0							1	
			1	0		0		0	0
		0		0					
	0		0		0		1	0	
1			0	0	1	0		1	
		0		0	0	1		0	
	0	1			1		1		0
1		0	1	0	0	1			1
1			1				1	0	0

EASY #64

			0		0			1	
0	0	1	0			0	1		0
1		0	1			1	1	0	
0	1	0		1		0			
		1				1	0		
			1			1	1	0	
1		1	0						0
	1	0	1	0		0			0
0	1	1				1			1
1					1		1		0

EASY #65

		0		1			1	0	1
		1				1	0	1	1
1		1		0		1	1		
		0		1		0	0		1
			1				1	0	
1			0				0		
	1	0	1		1			0	0
	1			1	0	1			1
1			0		0	0			0
1	1				1		0		0

EASY #66

0	0			1			1		
0	0	1		1		0			
		0		0	0	1		0	
0	0	1				1		0	
0							1		
1	1			0	0		0	1	
1		1	0			0	1		
0	0				1			1	1
1			0	1			0		
	1	0		0		0	1	0	

EASY #67

	0		0			1			1
1	0	0	1	0	0	1	1	0	
	1		0		1		0		
0	0	1			1	1	0		
	0	0	1			0			1
	1	1		1					
		0	1	0				1	
	0	1		0	1				
1		0						1	
1			1	0	0				0

EASY #68

0	1			0	0				
	0	1	0	1	0		0		
		1	0	0				1	
	1	0	1		0	1		0	0
			0	1	1	0			1
1			0	0				0	
		0	1		0		1	0	
0						1		1	1
1		0					0		0
	1	0				0	1	0	

EASY #69

0	0	1	0				0		
0		0			0				0
1		1	1			0			0
	0				0	1			
	1	0		1	0	1			1
1			1	0	1	0	1	0	0
	1	0		0				1	0
	0								
1	1						1	0	
	1					0	1		0

EASY #70

0		1				1	0		1
			0	1	0		0		
	1	0	1	1		0			0
			1		1	1	0		0
0			0	1	1	0			
					0	0			1
	1	0	1	0			0		
0	0			1			0		
1	1						1		
		0	1	0	1	0		0	0

EASY #71

0	1	0		0	0			1	1
0	1	1		0	1			0	
	0		0	1		0			
	1			1	0		0		1
			1		1		1	0	1
		1		0		0	1	1	
		0							
					1			0	
		0		1	1	0	1	0	
	0	0		1	0		0	1	

EASY #72

	1	0	0				1	0	1
			0	0				1	
1				0	1	0	0	1	
			0			1			
			1	0			1	1	
1		0		0	0			1	0
1	0	1		1				0	1
0	0				1	1			
	1		0		1		0		
1		0		1		0			0

EASY #73

0			0	0	1			1	
0	0			1		0		0	
	1				0	1	0		0
	0			1	1			1	0
	1	0	1					0	1
				1	0	1	0	1	0
		0	1	1					
	0						0	1	1
		0		1			1		0
	1	0				1	0		1

EASY #74

	1		1	0	0		1		
0	0				1	1	0		1
	0	1		1		0			0
0	1	0						0	
		0	1	0	1		0		0
	0	1	0		1			1	0
1		0						0	
	0	1		0		0	0		0
	1					0		0	0
	1		1		0				

EASY #75

0								1	
0		0			1	0	1		
1	0	1		0	1		0		0
	0		1				1	0	
		0	0					1	
1			0	0			0		
	0	0		1		1	1	0	0
0					0	1	0		
1				0				1	
1	1	0		1	0	0		0	

EASY #76

0	0		0	0	1		0		
	0			0				1	
		0			0				
			1	0		0			1
	0		1	1	0				0
	1	1	0	0		1			1
1		0				0		1	0
1				0	0	1			1
	1			1			0	1	0
1	1	0					1	0	0

EASY #77

0	0	1				1		1	
	1			1		1		1	1
1	1		0					0	0
0	0	1				1		0	1
	0	1		1			0		1
1						0	0		
1		1	0		0		1	0	0
	0		0		1		0		
			1	0					
			1		0	0	1		0

EASY #78

0		1					0	1	1
	0							0	
	1		1						0
	0			1		1	0	1	
			0	1	0			1	0
	1	0		0			0	0	1
	0		1		1	0	0	1	0
1	1		0		0		1		1
	1			1		1	0	1	
		1					1		0

EASY #79

0	0			1		1	0		
	0	1	1	0		0			
		0	1		1	0			
	0				0			0	1
		1			1	1	0		
1	0	0		1		0	1		1
	1		0			1	1		
		1		0					
			1		0	0	1		0
		0				0	0	1	0

EASY #80

			0	0		1	0	1	1
0		1		1			1	1	
		0	1		0	1			
	0		0	1	1			0	
0		0		0	1		0		0
			1	0		1	0		
		0	0	1			1	0	
0	0					0		1	1
				0		1			0
1	1		1		0			0	

EASY #81

0		0		0	1	0	0		
0	0	1	0	1	0		1		
				0				1	0
0			0	1	1		1	0	0
						1		1	1
	0	0					0	1	
1		0			1				0
		1		1	0	1	1	0	0
1	0	1		0			0		
			1			0		0	

EASY #82

0	0	1	0	0		1			1
	0		0	1		0		0	
	1	0		1	0	0		0	
0	1		0			1	0	1	0
1	0	0		1					
				1	0	1	0		
	1					0		1	0
0						0	1		1
	0		1	0	0				0
1				0				0	0

EASY #83

			0		1			1	1
				0		1	0		
	0		0	1	1	0	1		0
0	0	1		1		1	0	1	1
	1	0	1	0					0
0		1	1		1			1	
			0		1				
0			1						
		1	0	0	1			0	1
1	1			1	0				0

EASY #84

0		1	1	0				1	
	0			0					
0				1	1		1		0
0		1	1	0	0	1	1		
	0	0	1			1			0
	1	1				0		1	1
		0	0	1	1		1		
					0			0	
0				0			1		0
1		0			0	0	1	0	

EASY #85

0		1		0	1			1	1
						1	0	1	1
1		0	1			0			
0				0	1			0	1
1		0	0		0	1		1	
	0	1		1	1		1		
		0			0		0	0	
	0		1		1	1		1	
0				1	0	0			
1		0	1	0					

EASY #86

		1			0	1		0	1
0					0	1			
						0	1		
0				0	1	0	1		
0	1	0					0	1	0
	0			0				1	1
	1	0						0	0
	1			1	0		0	0	
1			0		1	1			0
1	0			0			1	0	0

EASY #87

0	0	1		1					
	0	1	0	1	0		1		
	1					0	0		
0	0						1	0	1
				1				1	0
1	0				1	1		1	
1			1	0			0	0	
		1	0		1		1		0
1	0	0			0	1	0		
1			1	1			1		

EASY #88

	0	0	1				1		0
0							0	1	
0	1	0	0		0				
	0				1	0	0		
	0		0			1			
1	1	0	0	1	0	1			0
0		0		0	1		1	0	
1									
	1	1			1	0			
1	1	0	1	1	0			0	

EASY #89

			0	1		1	0	1	
				0		1			
1	1	0		1	1		1	0	0
					1			1	
1					0	0			
0						0	1	0	
1		0			0		0		
1	0	0	1	1			0	1	
	1	1			1	0	1	0	
1	1			0	1	0		0	

EASY #90

1		0	1		1	1	0		1
			0				0	1	
0		0				0	1		0
1	0		1	0			1		
0	1	1	0		1			1	0
0	0			0			1		1
		0	0	1	0			1	0
				1		0			
1		1				0		1	
1		0	1			1			

EASY #91

0	1	0	0					0	
0	0	1	0			1	0		
1			1			0		1	
0	1	0	1	0	1				
	0	1			1	0		1	
	0		1	0		1		0	0
1			0	1				0	
	1			0				1	
1		1			0	1			0
		0	1		0				0

EASY #92

0	0		0			1			1
0			0	1	0				
1		1	1		1		0	1	0
1		0	0			1	0	0	1
		0			1		1		
1	0	1	1		1			0	
1		1				1		0	
			0				0		1
0	0	1							0
1				0		1	1		

EASY #93

				1	0		0		1
	0		0			0	1		
	0			0		1		0	1
0				1			1	0	1
0	0			0	1				
1			1	0	1			1	
					0	1	0	0	1
	0		1	0	1		1	0	1
1		0	1			0	0	1	0
			0			1	1		

EASY #94

1		0	1			1	1	0	
		1		0		0	0	1	1
			1	1	0	1	1	0	
	0				1	1		1	
0	1			0					1
1			1				0	1	0
				1			1	1	
0		1	1						
			0		1			1	0
		0	1	1		0	1		0

EASY #95

	0		0			0	1	1	0
0		1	1	0	0		1	0	1
1	1			0				1	0
						1			
0	1		1		1	1			0
			0	0		0	0		
	1				0		1		
					0	1		1	
	1		1	0	1	0			0
			0	1	0	1			1

EASY #96

				0					1
			0	1	1		1	0	1
1		0		1			1	1	
0			1				0		
		1		1			0	1	
		0	1	0		0	1		0
0	1	1		0	1				0
0				1	0	1			
	1			1	0	0	1		0
		0	1	0			0		

EASY #97

			1			1	1		1
	0	1			1		0		
		1		1	0				
		0		0	1				1
				1		0			
	1	1	0	1	0	1	1		0
			1	0		0	0		0
	0	1	0	0	1	0	1		1
				1	0				0
1	1	0	1		0			0	0

EASY #98

			0	0	1	1	0	1	
	1					0			1
0	0		1						0
	0	1	0	1	0	1		1	
1			1		1		1	0	
	1		1	0		1		1	1
	0				1	0	1		0
0	0					0		1	0
	1		1					0	
			1	1					0

EASY #99

1	0						1		1
	0		1		0	0		1	
0					1			1	1
0		1			0		1		1
1			1	0	1	1	0	1	0
	1	1	0		1	0		1	
	1		1	1	0		0		
		1	1		1	0		1	
						0	1		
		0				1			1

EASY #100

			0	1	0	1	0	1	1
0	1	0	0			1			1
	0		1					0	
	0	1		0			0	1	1
	1	0	1	1		0		0	
				1					0
		0	1		0		1		
0				1	0	1	1		1
1	1		1	0		0	0		
	1	0				0			0

EASY #101

0			0	0	1		0	1	1
0	0			0	0			1	
1	1			1			1	0	0
0		1						1	
					0			0	
1		1		1	0	1			
	1	0	0			0			0
0	0	1	1	0					
			0	1		0	0		
1	1		1			0	1	0	

EASY #102

			0		0		1		0
		0	0			1	0	0	1
	0	1	1	0	1				0
0	0					1	0	1	
		0	0	1			1		1
0	0	1			1			1	
	1		1		0	0			
	0		0		0	1	0	1	0
0		1							
				0	1		1		

EASY #103

			0		1	1			1
0	1			0					1
1	0	1	0	1	1	0	1		
0	1	0				1	1		
1	0	0			1				
				1	0	0	1		0
1		0		0					
		0			1	0	0		
0		1			1		1	0	0
1		1	1			1	0		1

EASY #104

		1	0	1	1			1	
	0	1		0	1		0		1
1	1			0	0			0	1
		0		1	0	0	1		0
0	1								
				1	1				1
1	0			0			1	0	0
0			1	0				0	
	1		0			0	0	1	0
1		0			0				0

EASY #105

	1	0			0				
1	0			0		0		1	
	0		1				0	0	
0		0					0		0
1			0	0	1		1		1
	1	0	0	1	0			0	
0	0	1	1	0			1		
		1			0				1
1	1	0				0		1	
		0	1	1	0	1	0		1

EASY #106

		0	0	1		1			1
0	1		0		0	1	1	0	1
1			1	0	1		0	1	
					0		0		1
0	1	0	0	1			1	0	1
	0	1	0				1	0	
		0	1		1		0	1	
		1			0			0	1
	1								
1	0		1		1			0	

EASY #107

0				1	1				1
0		0			0			0	
	0		1	0		0			
0	0			0	1		0	1	1
0		0	1				1		1
1		1		0	1		0		
			1			0	1	1	
0	1		0					0	1
			1	0	0				
			1				1	0	0

EASY #108

		0			1		1	0	1
0	0						0		1
				1		0		1	
	1		0		0		1	0	
0		1	1			1	0	1	0
1		0	1		1	0			
	0					0			
			0	1	0				0
1	1				1	0	1	0	0
	0			0			0	0	1

EASY #109

0	0			0			0	1	1
0		1		0	0				
1	1				0				
	0	1		0	1				
1	0		1		0	0	1		1
	1		0		1		0		
1		0		1	0			0	0
1		1	1	0	1	0	0		
0					0			0	
						0	1		

EASY #110

	0	1		0	1	1	0		1
	1			0	1			0	
				1	0				
	1					1	0		1
0		1	1		1				
1			1		1		0	0	1
		0		1		1			0
0				0	1	0		1	1
1						0		0	
1			0	1	0		0	1	

EASY #111

	0				0				1
0	0	1			1	1		1	1
		1			1	0	1		
1		0		1	0		0	0	
0				0		0			
	0	1		1			0		1
1		0		0		0			
0	1	1	0					0	
	0	1	0	1					0
1				1		0		0	0

EASY #112

	0		0	0		1	0		1
0	0				0	1			
1				1	0	0	1		
0	0	1	1	0	1			1	
0	1			1	0		1		
1	0			1	1			0	
1	1	0			0				
	0		0	1	1	0	1		
1	1				1	0		1	
		0	1			1	1		

EASY #113

0			0			1		1	1
		0		1	0	1			1
1	0		1		1				
		0				0			
	0							1	1
				1	0		1		0
1	1			1	1	0	1		0
	1	1			1	1		0	
1			1	0				1	0
		0	1	1	0		1	0	

EASY #114

0	0	1	0				1	0	
1			1	1	0				
1			1					0	1
0					1		0		
				1	0	0		1	0
0	1	0	1				0	0	1
	1	1		0					0
	0				0				1
0	1	1	0				0	1	0
1	1				0	0			

EASY #115

		1	0	0	1				1
0							1		1
	1		1	0			1	1	0
	0				0		0	1	1
0	1		0	1	1		1		
0		0	0			1		1	1
				0					0
0		1		1		0	1		1
1	1				0			1	
1				1		0	1		

EASY #116

0	0	1				0			
	1	0				1	0		1
		0	1	0	1	0	1		
0	1		0	0	1	1		1	
	1	0			0	1			
			0	0			1		
			1				0		0
		0	0	1	0	1		0	
1			1						0
1			1	1		0	1	0	

EASY #117

1	0		1	0	0	1		1	
1	1	0	0			0	1		0
0	0	1	0		1				
1	0				0	1	1		1
0			0	1	1		0		
0	1					1			1
									0
		1	0			0	1		
0	0		1	0		1			0
1				1			1		0

EASY #118

		1			0	1		1	1
0				0				1	
1	0	1	0						
0			0			1			1
		0	1				1		1
1	0			0	1	1		1	0
					0			0	0
0			1					0	
		0	0	1	0	1		1	0
1		0		0			1		0

EASY #119

			0	0		0	0	1	1
	0					1	1	0	1
			0			0			0
0	0		0	0		1	0		
				1		0	1	0	0
	0		1		0				
	1	1	0	0		1			0
	1								
1		1	1	0	0	1		1	0
	1	1			1				0

EASY #120

0	0		0	0					
1		1	0		1	0			1
0		0					0		
	0	1		1	0		0	1	1
1	0			0		0	1		
		0	1					1	1
	1	0	0	1	1				
0			0	1	0		1	0	1
	1		1	0					
	1		1		0		1	0	

MEDIUM #1

0					1	1			1
	1		0				0		
						1			1
0		0				0		1	1
1				0					
						0	1		1
1				0	0				
	0			1			1		
1		0			1				
				1		0		0	

MEDIUM #2

			0		1	1			1
			0			1			1
1		0					1		
		0			0	0			
	1						0		
		1		0		0			0
1	1						0		
				0					
0								0	
	1					1		0	1

MEDIUM #3

		1				1		0	
0	0				1				1
		0	0		1				0
	0	1							
0					1	0		1	0
			0		0		1		
								0	
							1		
	0			0			0		
1	1		1			0		1	

MEDIUM #4

									1
0	0			0	1				
		0					1	0	
0		1		0	0			0	
0	0		0						
								1	0
		0	1			1			
0			1		0		0		
	1					0	1		
					0	0		0	

MEDIUM #5

0		1	1						1
0				1	0	1		1	
		1	0				1		
0	0								
	1								
1		1				0			
1	1		1			0	1		
							0	1	
	1		1		0	0			
			1			0			

MEDIUM #6

0		1		1		1			1
		1				1			1
1	1		1	0				1	
	0								
	1				0		1		
		1		0	1				0
1				0					
1	0		0			0			
				0	0		1		1
		0	1						

MEDIUM #7

				0	1		1		
						1			1
0		1		0			0		
	0		1	0		0	0		
					0	1			
						0			
	1		0	0				0	
				1		1		1	1
			1				1		
	1						0		

MEDIUM #8

0	1								
0						0			
		0				0	1		0
0		0	1		1			1	
								0	1
1			0						1
1	1								
		1				0	0		
		1		0				0	
	1		1						

MEDIUM #9

0			0	0		1	0		
				0				1	1
			1		0	1			
			0			1			
		0						1	
1					0		1		
1	1			0				1	
				1					
	1					0			
			1		0	0		0	0

MEDIUM #10

0		0	0						
		1		1	1				1
1				0			1	0	
0						1		1	
							1		
1							1	0	
		0	1	0	1				
					1			1	1
	1					0			
	1					0	1		

MEDIUM #11

0					0				
					1	1		1	1
			1					1	
0					0	0			
0			1		1				
		0			0			1	
			1				1		0
	0					0			
		0		0		1	1		0
	1		1			0			

MEDIUM #12

0	0		0	1	0		0		
			1						
	1						0		
0			1	1		0			
		1							
1		1				1			
1			1	1					
						0		0	
	1								0
	1	0					1		0

MEDIUM #13

			0				1		
		0				1	0		
0	0		0	0					
0			0						
		1					0		
0		1	0						1
					1			1	
1		1	1				0	0	
	1				1				
		0		0	1			0	

MEDIUM #14

								1	
	0			0				1	
1	1		1						
0			1			1			
		0						0	
1				1				1	
1		0					1		
						0			
	1		1	0		0			0
	1		1	0			0		

MEDIUM #15

1		0	0						
	1			1					
	0							1	
1			0		0			0	1
	1			1	0				
			1				0		1
0	0							0	
		0	0			1		0	
0					1				
	1			0	0			0	

MEDIUM #16

0	0		0					1	1
0	1		1		0				
								0	
0				1			0		
		0							
		1	1				0	1	0
			0		0			0	0
					0		0		
	1		1			0			
			1	1			1		0

MEDIUM #17

1									
0		1		0					
		1				1	1		1
1						0			
					0		0	1	
0								1	
	1		1		0	1			
0		0			1	1			
			0				0		
	1		1				1		0

MEDIUM #18

1									1
	1		0					0	
			0			1			
						1			
	1		0				0		
	0	0				0		0	
0		1			1	1			
				0					
1	1		0					0	0
					0	0		0	

MEDIUM #19

1		0					1	1	
	0		1						
	0	1				1			0
					0				
0								1	1
0				0					
		0	1						
		0			0	1			
1					1		0		1
1			1	0					

MEDIUM #20

0				0	1		0	1	
	0	1						0	1
1			1		1			1	
0						1			
	1		0		0	0			
					1			1	
		0	1	0		0			0
		0		1					
				0		0	1		
1	1							0	0

MEDIUM #21

					1	1			
0								1	
							1	0	
		0		0		0			1
	1	1			0	0		1	
0		0		1			1		
	0					1			
		1							
					0	0			0
	1		1					1	0

MEDIUM #22

		1			1			1	
					1		1		
1	0							0	
		1			0		0		
		0			1	0			
							0	0	
				1				0	0
	1			1	1		0		0
1	0	1			0				
1				0					

MEDIUM #23

			1	0		1		1	
	0	0							
				0		0		1	
					1				
	0					0			
0							0		
	1			0	1				
					1	0			
0									0
1					0	0		0	0

MEDIUM #24

	0								1
	0								1
		0			0	0			
	0		0					1	1
0					1		1		
	0			1	0				
1			1		1				
0			1			0			
		0		0	1		1	0	

MEDIUM #25

		1				1	0		
0		1	0			1		0	
			0					0	
					1	1			
0	1		0	1				1	
			1						
	1				0				
			0	0					
	1			1				0	0
1	1				1				

MEDIUM #26

0							0		
	0				1			0	
		1			1	1			
				1		1			
1	0				1			1	
	0			0					
1			1				0	1	
	1			1	0		1		0
0								0	1
1			1			0			

MEDIUM #27

	1	1				0			
		1			1	0			
0				1	0				
			0						1
1	0			1					
			0			1		1	1
			1						
		1			1				1
							1		
	1		1	1					

MEDIUM #28

0		0	0						
			0		0				1
		1		0			0	1	
			0			1		0	
1					1				
0		1	1				1		
				1	0		1	0	
0			0			1			1
1	1							1	
					1	0			

MEDIUM #29

0				1			1		
0		1				1	0		1
	0			0				0	0
0				1			1		
0		1				0			
					1	1		1	
				0	0			0	
0	0								
			0						
1									

MEDIUM #30

				1				1	
		1	0		1	0			
						1	1		
1	0			0	1			1	
		1							1
			0		1				
1		0		0				0	0
	1		0			1			
			0				0		0
				1					0

MEDIUM #31

	0			0	0				
	0								
							0		
						1		0	
		0	0						0
1		1		0	1		0	0	
1									0
								1	
				0	0		0	0	
1							1		

MEDIUM #32

						0	0		1
0	1		1				1		1
0	0			1	1				
0	0		1			0			0
0			0	0					
					0		0		
			1		1	1		1	

MEDIUM #33

						1		1	
		1			1	1			
		1	0		1			1	
				1					
	1			0			1	0	
		0		1				1	1
1					1	0	1		
					0	1	0		
		0		1	1				
	1	0		1					

MEDIUM #34

		1	0			1			
		1			1		1	1	
	1			0					
0	1					1			
					1				1
			0		1				
				1				0	
				1	0				
		0				0	0		
1	1			0					1

MEDIUM #35

1					1	0			
		1		1			1		1
	0							1	1
							0		
		1							
		1			1				
1			0				1	1	
1			1			0			
1			0			0		0	1

MEDIUM #36

0		1		0				0	1
		1			1				
1			0					1	
			1	0			1	1	
				1					
0		1	0			1		1	0
	1		0		1	0			
				0				0	1
			0			0			
				0					

MEDIUM #37

			1			1		0	1
0					0			1	
		1	1						
			1			0	1		1
	1								
	1		1					1	
					1			1	
	0	1			1		0		
	1								0
0		1	0		1		0		

MEDIUM #38

	1					1		1	1
0			1						1
	0				1				
		1			1		0		1
			1						
		0			1	1		1	
				1					0
					0		0	0	
	1			0		0	0		0
		1		0					

MEDIUM #39

		0	1			1	1		
0									
	1	1		1	1			1	
			1						0
		1					0	1	
	1	1				0			
1	1					0	0		
			1						1
		0		1					1
				1			0		

MEDIUM #40

0	0		0						
	0							0	
			0				1		
0		1			1		0		
1		1				0			
					0				
		1			1				
0				1		0	0		
1	1			1			1		
			1						0

MEDIUM #41

	1	0			1	1			
0								1	
				0		0			
	0					1			
							0		0
	0						0		
	0			0		1			
				0					
0	0					0		1	
		0	1		0			0	0

MEDIUM #42

	0		0			1			
				0				1	
0						0			0
0					1			0	
		1					0		
	0				1			1	
				0			1		0
	0	1	0					0	1
		0		0	0				0
	1			1	0				

MEDIUM #43

									0
	0	1			1		0		
		0				1			1
1			1			0	0		
	1							0	1
		0	1		1			1	
				0					1
						0			
				0		0		0	0
1			1						1

MEDIUM #44

0					1				
					1				1
1		1					0		
	0					0			
1						1		0	0
			1		0			1	
		0	1						0
								0	
	1		1			0	0		0
1	1		1		0		1		

MEDIUM #45

						1			
0			0		0		1		
	0		1			0			0
	0					0			
		0	0				1		
			0			1		1	
					0		1	1	
1					1	0	1		
	1					1			
		1		0	1		0		0

MEDIUM #46

			0						
0	0		0		0	1		0	
					1		1	1	
0								0	
		1							
	0	0						0	
1	1					1			
			0	0			0		1
		0		0		0	1		
1									0

MEDIUM #47

0			0			1			
			0				0		1
1					0	0		0	
			0						
	1					1			
1		1					1		0
			0					0	
	0			1	1				
1			1				1	0	
		0					0	0	

MEDIUM #48

			0			1		1	
					0	1			
1	1		1				1	0	
1					0				
		1		1				0	
0		1						0	
	1		1			0			
0				1					
				0	1		1	1	
1	1						1		

MEDIUM #49

0		1	0		1	1			
	1							1	
				0					
	0			1	1				
1		0	1			0			
1	0		1	1		1		0	1
							0		
				1	1				
		0			0		0		0
	1								0

MEDIUM #50

						1	1		1
	1	1			0			1	
0									1
				1					1
					0		0	1	
	0		1	0		1			
1				1					
		1				1			
1				0				1	
1									0

MEDIUM #51

			0			0	0		
					0				0
0	0						0	0	
		1	0			1	0		
	1	0	1		0				0
						1			1
0		1					0		0
0		0				0			
		1	1					0	1
				0					

MEDIUM #52

	1								
		0	1		1				
			0						
1	1			1				0	
							1	0	
0			1	0					
1	0		1	1			0		1
							1		
1		1		1	1				
			1				0	1	0

MEDIUM #53

			0	0			0		
1		0	0		0				
0		0			1		0		
	0		0						1
			0	0					
						1		1	
	0						1		
	0					1	1		
									0
			1			0		0	0

MEDIUM #54

		1						1	
							1	1	
	1		0		0		1		
			0		0	1		1	
0							1		0
	0		0	1					
1		0		1	0				
			1		1	1			
		0							
				0		0	1		0

MEDIUM #55

	0	0		0				1	
					0			0	
0			1	0	1		0		0
1	0						0	0	
	0			1					
1	1			0		1			
			0					1	1
	1			1					0
	1		1	1		0			

MEDIUM #56

	1				1	0	1		
									0
1							1	0	
				0				1	1
		1	1		1		1		
	0		0					0	0
1			1						
	0			0		1			
		0			0			0	
1		0				1		0	

MEDIUM #57

0	0		0	0					1
		0			0				0
1	0		1						
0	0								
			0		1		1	1	
						1		1	
									0
	1		0						1
1					1				
1		0							

MEDIUM #58

1	0		0		0				1
				0		1			1
			1						
		0		0		1	1		1
	0	1							
					1	1			
		0		1	0		1		0
		1					1	0	
1			1		1				0
1								0	

MEDIUM #59

1		0	0				0		
		0				1			
				1				1	
		0					0		
1			1		1			0	
							0	1	
	1			0					1
0			0			1	1		
		1							
1		0	1	0		0			0

MEDIUM #60

0	0				1	1			1
0			1			0		0	
		0				1			
				0			0	1	
	0		0					0	1
	1	1							
1				0		0			0
		1		1			1		
1	1		1		1		0		
	1							0	0

MEDIUM #61

	0	1	0			0			
1	1		1					0	
					1		1		1
0					1	1			
				1					0
					0				
	0		1				0		1
	1						1	0	
		0			0	0		0	0

MEDIUM #62

		0			0				1
					0	0			
			0	0					
	0						0		1
	0								0
		1	0						
0					0	1		0	0
						0			1
	1				1				
		0	1		1			0	0

MEDIUM #63

		1		1		1	1		
	0					1			
1				0					
	0			0	0				
0									
1	1			1					
						0		0	0
0									
	1		1	1				0	0
1	1						1	0	

MEDIUM #64

		1				1			
	0			1	0				
1	1					0	1		
			1			1			
	0			1				1	
0							1		
			1					0	0
						1		0	1
1				1		0	0		
1	1		1						

MEDIUM #65

	1				0				
1		0	0			0			
			1	0				0	
	0				1				
1							1		
			1				1		1
1			1		1				0
1	1						1		
	0	1							0
1	1		1			0	1		

MEDIUM #66

		0						1	
1	0		0	0				0	
1					1				0
			0			0			0
						1	1		
1			1		1		0		
				1					
1		0	1	0		0	0		
			1			0			0

MEDIUM #67

				1	1		1		
		0	0						
	0					0		0	
						1	0		
0		0	1		0				
1		1				1	0	1	
					0	0			
				0		1			
1	0		1						1
								0	0

MEDIUM #68

		1	0		1	1			
	1				0			1	
			1	0	1				
	0							0	
				0		1			
	0	1						1	0
				1					0
				1		0		1	
1	1						1		
1								0	0

MEDIUM #69

			0	0					
	0	1				1		1	
1		0	1						
	0			0	0			1	
		1	0						
1	0					1	1		
			0			0			
							1		
1	1		1		0		0		0
1	1			1	0				

MEDIUM #70

				1					1
0		1			0			1	
			0			0			
	0	1							
	1	1					0		
0			0					0	
				0	0		0		
						0			
	1		0		1			0	
	1			0					0

MEDIUM #71

0		0		1	0			0	
		0					1		1
0			1		1				
		0				1		1	
1				1		0			
									0
0			0		1				0
0	0		1						
									0
1				1			1		

MEDIUM #72

0									
		0	1						1
0		0	0						0
					1	1			
1	1		1					0	
1			0					0	
		1	0		0	1			
		1					0	0	
	1			0	1		1	0	

MEDIUM #73

1					0	0			
								1	1
					0		0		
	0	0		0	1				0
0		0	0						1
				1		1		0	
1				0			0		
		1						1	
		1			0	0			
							1		

MEDIUM #74

			1						1
	0		1			1			1
		0						1	
			0			0			
	0	1							
0		0				1		1	
			1		1			0	
				1	1		0		
1	1					1		0	1
1			0		1				

MEDIUM #75

0	0			1		1		1	
	0	1		1					
1					1		0	1	
0		1				0		0	
				0	0				
1		1							
1			1				0		
						0			
1	1			1				0	
1						1			0

MEDIUM #76

	0								
		1	0			1			
	1			0			0	1	
0		1	0		1				
	1		1	1					
1							0		
1				0	0				
	1							0	1
1	1		1				0		
1			1		1		1		

MEDIUM #77

0	0					1		1	
		0						0	
	0	0			1	1			
						1	1		
			1	0				1	0
			1	0			1		0
	0		1						
				0				1	1
1			1	1			1		

MEDIUM #78

				0	0				
0		1	0						
	1	1		1			1	1	
	1		1			1	0		
0						0			0
								1	
	1			0		1			
						1			1
	1								
	1	0				0	1		

MEDIUM #79

0	0		0	0			0	1	
	0					1			
1			1		1				
1	0			0	1	0			
	0		0						
		1					1		
		0						0	
0						1			
		0				1	0		

MEDIUM #80

					0		1	1	
		1		0		1		1	1
0	0			0		1			
			1						1
		1			1		1		
	1					1	1		
1		1		0					
			0			1			
	1				0	0			

MEDIUM #81

				0					1
0			1		0			1	
			0		1		1	1	
			1		0	0			1
1			0						
					1				0
1	1						1		0
			0						
	1	1			1		0		0
1	1								

MEDIUM #82

					1				
1	1				0	0		0	
		0							
	0		1	0				1	1
0					0				
				0					
					0		1	1	
				0	0				1
		0		1					
		0	1		1			0	0

MEDIUM #83

		0					1		1
		1		1	0				1
	1		0						
				0		0		1	0
							0	1	
1			0		0				
	0			1	0	1			
0						1			
1	1								
							0		

MEDIUM #84

					1	1			
	0	0				1		1	
0			0		0				
									1
	0		1			0		0	
0	0								
			1		1			0	
		0	1			1	1		1
1									
		0						0	0

MEDIUM #85

		1			1		0	1	
0					0	1		1	1
	1		1			0			
0								1	
0	1			1		1			1
						1			
	1		1						0
							0		
	1				1				0
	1	0		0		0	1		0

MEDIUM #86

					1	1		1	1
		0				1	1		1
		0							
	0		0			0	0		1
			1		1				1
				1				0	
				0			0		
	0					1			
	1				0			0	
		0							

MEDIUM #87

0			0			1	1		1
	1				0				
0							0		
							1	1	
0		1	0		1				
					1	1		1	1
			1						0
0		1	0				0		
	1					1	0		
					1	0			

MEDIUM #88

0			0		1		0		
		0			1	0			1
							1		
0	0					0			
	1	0		1					
1									1
1	1		0				1		
		1		1	1		1		0
1					0				
	1							1	

MEDIUM #89

	0			0				1	
	0	1				0			
			0	0		0			
	0								
						0			
	1			0					
1	1							0	
0		1							
1		0					1		0
				0	0				0

MEDIUM #90

							0	1	
0			0	0		1			
			0	1			1		
					1				
0					0				0
				1				1	
1	0		0	0					
0							0		1
	1		0			0		1	
1	1				0		1		

MEDIUM #91

		0				1	0		
					1				1
		0		0		1			
				0		1	1		
0									0
	1	0							
								0	0
0			0		1				
	1		1	1					
1	0					1	1		

MEDIUM #92

1						1	0		1
		1		1	1			1	
	0		0			1		1	
					0				
				1		1			1
0	0		1						
		0			0		0	0	
				1					1
1				0					0
	1				0			0	

MEDIUM #93

			0			0	0		0
	0	1		0				0	
0		0		1			0		
			1		1			1	0
	0					0			
0									0
				1		0			
					1			0	
1		0	0						
						0			0

MEDIUM #94

0							0	1	
			0					0	1
				0			1		
		0		0					1
1	1				0	1			
					1				0
0	0		1				0		0
	0			0		1			
							0		
	1				1				

MEDIUM #95

								1	1
0	0		0		1				0
0	1						1	0	
						0			1
	0		1						0
							1		
				1	0				0
			1					1	0
				1			0		
				0					0

MEDIUM #96

		1			1			1	
					1			1	1
0	1		0				1		
				0		1			1
1		0	1	0					1
						1			
				1			1		
				0					1
			0			1		1	
			1	0			0		

MEDIUM #97

1						1		1	1
	0					0		0	
1						1	0		
			1		0				
			1					1	
0				1		1			
		0		1				0	1
			1				0		
				1		1	0		
	1	0	1						

MEDIUM #98

	0						1		
	0					1			1
		1		1			0		
			0				1		
1	1					0		1	
	0					0		1	
			0				1		
0		1			1		0		1
		1	0		1	0		0	
1									

MEDIUM #99

	0	0		0			0		
		0						1	
							1	0	1
		1							0
			0			0			
	0			1	1		1		1
0								0	
			1			0	0		
			0		0				
1			1		1		1		

MEDIUM #100

	1								
				1	1				1
		1				1	1		
1	0								0
0		1		1			1	0	
				1		1			
1		0			0		1	0	1
	1			1			0	1	
		1							1
					1				

MEDIUM #101

				0				1	
		0		0		1			
	1						0	1	0
	0	1			1	1		1	1
						1			
1		0							
				0		0	1		
0		1		0		1			
1						0			
	1			1					0

MEDIUM #102

0							1	1	
					1				
1				1					1
0									
1		1	1					0	
			1		1		0		0
		1					1		
1				1	0				
1	1								
	1	1		1			0		

MEDIUM #103

0	0		0	0				1	
0		0		1			0		
					1				0
	0		0	1					
					1	0		1	
1			0			1			
1		0						1	
			0				0	1	
		0				0			
			1		0				

MEDIUM #104

				1					
	0		0		1	0			
1		1					1	0	
									1
			0			0			0
1	0	1			0	1			
1			1			0			0
	1			1	0		0		
1					1		1		0
1				1		0		0	0

MEDIUM #105

		0		0				0	
			0	1				1	1
					1				
					0	0			1
				0				1	
	1					0	0		
	1		1	1					
						1	0		1
		0	0				0		
		0	1			0			0

MEDIUM #106

		1		1	1			1	
								1	
	0								0
	0		1	0	1		1		
		0					0		
	0		0	0			1	1	
			0		0				
		1					0		0
1			0		0				
						1			0

MEDIUM #107

0					0				
	1						1		
				0					
		1	0		0				
1	1		0				0		
	0			0		0		1	0
0				1			0	0	
		1	1				0		
					0	0		0	0

MEDIUM #108

				1		1			1
	1			1				1	
			0					1	
		1	0						1
0		0			0		0	1	
0	0		0						0
			1				0	0	
		0		1	1				0
0							1		0
		0						0	

MEDIUM #109

	0	1			1	1			1
		0				1			
0					1				
0			0		1		0		1
	1		1						
	0								1
		1						0	
	0			1					
			1		0		0	0	
			1				1	0	

MEDIUM #110

			0					1	
	0	1				1	0		
				1	1				0
0	0			1					
					1			1	
0				1		0		1	
					0	1			0
							0		
		1					0		0
1	1					0			

MEDIUM #111

				1		0			
1						1	0		
		1							
0					0			1	
		0	0		0				1
		0		0		1			
			1				0	0	
0		0		1					1
1		0	1			1			
			1					0	

MEDIUM #112

	0					1			1
0	0				0				1
			1	0					
0			0	1	0	1		1	1
				0					
0		0	0				0		
	1				1				
			0	0		1			
				1			1		
1			1						0

MEDIUM #113

1	0			0		0			0
			0						
0	0		0		1				
				1		0	1		
		1				0	1		
									1
	1								
		0	0					0	
1						1			
1		1	0		0			1	

MEDIUM #114

		1	0		1	1			1
		1	0				0		1
	0						1	0	
		1				1			1
							1		
		0			0		0	1	
1	1		0						0
0					1				
			0	1			1	1	
	1	0	1					0	

MEDIUM #115

			0					1	1
0	0				1		0		
0				1					
		1		1	1				
		1					0		
				1			1	0	1
		0		0	1	0			
0					1				
								0	0
			1	1			1		

MEDIUM #116

						1	0		
					1			1	
0					0				1
	0				1				
	1					0		0	0
			1			0	0		
		0						0	0
	1						0		
				0		0	0		
1				0					

MEDIUM #117

0			0		1		0	1	
0		0	0						
							0	0	
		0	0			0	0		
	0		0				1		
1	1								1
				0					
	1							0	0
	1					0			

MEDIUM #118

0					1				
				0	1				
1		1		1					
		1						0	1
			1		1		1		
			0				0	0	
				0		0			0
0	0					0		1	
1		0	0				0		1
	1			1		0			0

MEDIUM #119

		1	0					1	1
0		1		0		0	0		
			0						0
0					0				
0			1					1	
				1					0
				0		0	0		
	0								
					1		1	0	
				1		0		0	0

MEDIUM #120

		1					1		
	1			1		1	0		
				1	1			1	1
0		1				0		0	
1				1	0				
	0	1	0					1	
	1								
0							1		
	1			0	1	0			1
				1				0	

MEDIUM #121

		1	0	1	0				
	0	1		0	1	0			
				1				0	
		1							
					1				
	1	1							
	1		0						1
		1							
1			0						1
1					0			0	1

MEDIUM #122

			0				0		
					1			1	1
		1	1		1	0			0
1		0				0			1
			0						
							0	1	
1	1								0
0		0				1	0		
1									
			1		1			0	

MEDIUM #123

0	0		0		1		0		
0						0			
		0	1					0	
		1	0	1		0		1	1
	0	0			0				
			0			1			
					0				
		0					1		0
	1		1			1	1		

MEDIUM #124

					1	1			1
		0	0					1	1
0									
	0		1		1		1		
	0	1	0					1	
1		0			1				
0					1		1	0	
		0		0			0		
1	1		1	1		0			0

MEDIUM #125

1			1			1		1	1
					0	1		1	
0	0		1		0				
	0	1							
				1			0		1
					1		1		0
								1	
1	1			1		1			
1		0	1	0	1				

MEDIUM #126

		1		0					1
					1				1
	1	0				0		0	
0	0					0	1		1
		0		0	1				
						1		0	
	1			1			1		
		1		1		0			
1	0		1					1	
	1					0	1		

MEDIUM #127

								1	
	0	0		1		0			
					0		1		1
1								1	
									0
1	1		0	1		0		1	
				1	1				
1		0				1			1
1			1		1		1		

MEDIUM #128

0	1			1				1	
0			0			1	1		
	0								
0		1			0				
0				1		0	1		
			0		1	0			
	0			0				0	0
	0				0	1	0		
					1		1	0	
								0	0

MEDIUM #129

1	0							1	
			0						
0									
0					1		0	0	
	0								
			1		1		0	0	
					1				
	0						0		
			1	1		1		1	
	1		1						0

MEDIUM #130

0	0				1				0
		0				1	1		
1			1		1	1		1	
0			0				0		
	1			0		1			
	1			1					
1					0		0		
			1	0					0
				0					

MEDIUM #131

	0			0	0				
0				1			1		1
			0		1			1	
0	0				0	1			
			0						
1				1					
1		0			1	0		0	
	0	1	0	1			0		1
1								0	
1			1		0	0			

MEDIUM #132

			0		1				
				1			1		1
	0		1		1			0	
0		1							
	1		1		0				
1	0	1					0	1	
1			0						
		0			0			1	
1			0	0					
				0	1			0	0

MEDIUM #133

<table>
<tr><td>0</td><td></td><td></td><td>0</td><td></td><td></td><td>0</td><td></td><td></td><td></td></tr>
<tr><td>0</td><td></td><td>1</td><td>0</td><td></td><td></td><td>0</td><td></td><td></td><td></td></tr>
<tr><td></td><td></td><td></td><td></td><td>0</td><td></td><td></td><td></td><td></td><td>0</td></tr>
<tr><td>0</td><td>0</td><td></td><td>0</td><td></td><td></td><td></td><td>0</td><td></td><td></td></tr>
<tr><td>0</td><td></td><td>1</td><td></td><td></td><td></td><td>0</td><td>1</td><td></td><td></td></tr>
<tr><td></td><td>1</td><td></td><td></td><td></td><td></td><td></td><td>0</td><td></td><td></td></tr>
<tr><td></td><td></td><td>1</td><td>1</td><td></td><td></td><td>0</td><td></td><td>0</td><td></td></tr>
<tr><td></td><td></td><td>1</td><td></td><td></td><td>1</td><td></td><td>0</td><td></td><td></td></tr>
<tr><td></td><td></td><td></td><td></td><td></td><td></td><td>0</td><td></td><td>0</td><td></td></tr>
<tr><td></td><td></td><td></td><td></td><td></td><td></td><td></td><td>1</td><td>0</td><td></td></tr>
</table>

MEDIUM #134

<table>
<tr><td></td><td></td><td></td><td>0</td><td></td><td></td><td></td><td></td><td></td><td></td></tr>
<tr><td></td><td></td><td>0</td><td>1</td><td></td><td></td><td></td><td></td><td></td><td></td></tr>
<tr><td></td><td></td><td></td><td></td><td></td><td>0</td><td></td><td></td><td></td><td>0</td></tr>
<tr><td></td><td></td><td></td><td></td><td></td><td></td><td></td><td>1</td><td>1</td><td></td></tr>
<tr><td>1</td><td></td><td></td><td></td><td></td><td></td><td></td><td></td><td></td><td></td></tr>
<tr><td></td><td></td><td></td><td>0</td><td></td><td>0</td><td>0</td><td></td><td></td><td>0</td></tr>
<tr><td>1</td><td>1</td><td></td><td></td><td></td><td>0</td><td>0</td><td></td><td></td><td>0</td></tr>
<tr><td></td><td></td><td></td><td></td><td></td><td></td><td></td><td></td><td>0</td><td></td></tr>
<tr><td>1</td><td>1</td><td></td><td>0</td><td>1</td><td></td><td></td><td></td><td>1</td><td></td></tr>
<tr><td>1</td><td>1</td><td></td><td></td><td>0</td><td></td><td></td><td></td><td>0</td><td></td></tr>
</table>

MEDIUM #135

<table>
<tr><td>0</td><td>0</td><td></td><td></td><td>1</td><td></td><td></td><td></td><td></td><td></td></tr>
<tr><td></td><td></td><td>1</td><td>0</td><td></td><td></td><td>1</td><td></td><td>0</td><td></td></tr>
<tr><td></td><td>1</td><td>0</td><td></td><td></td><td></td><td>0</td><td></td><td></td><td></td></tr>
<tr><td></td><td>0</td><td>1</td><td></td><td></td><td>0</td><td></td><td></td><td>1</td><td></td></tr>
<tr><td></td><td>1</td><td></td><td></td><td>0</td><td></td><td></td><td></td><td></td><td>1</td></tr>
<tr><td></td><td></td><td></td><td>0</td><td>0</td><td></td><td>1</td><td></td><td></td><td>0</td></tr>
<tr><td>1</td><td>1</td><td></td><td></td><td></td><td></td><td></td><td></td><td></td><td></td></tr>
<tr><td></td><td></td><td></td><td></td><td></td><td>0</td><td>1</td><td></td><td></td><td></td></tr>
<tr><td></td><td></td><td></td><td></td><td>1</td><td></td><td></td><td>1</td><td></td><td>0</td></tr>
<tr><td></td><td></td><td></td><td></td><td></td><td></td><td></td><td>1</td><td></td><td>0</td></tr>
</table>

MEDIUM #136

<table>
<tr><td></td><td>1</td><td></td><td></td><td></td><td></td><td></td><td></td><td></td><td></td></tr>
<tr><td></td><td></td><td></td><td>0</td><td></td><td></td><td>0</td><td></td><td></td><td></td></tr>
<tr><td></td><td></td><td></td><td></td><td></td><td></td><td></td><td>1</td><td>1</td><td></td></tr>
<tr><td></td><td>0</td><td></td><td></td><td>1</td><td></td><td>1</td><td></td><td></td><td></td></tr>
<tr><td></td><td>1</td><td>1</td><td></td><td></td><td></td><td></td><td></td><td></td><td>0</td></tr>
<tr><td></td><td>0</td><td></td><td></td><td>1</td><td></td><td></td><td></td><td></td><td></td></tr>
<tr><td></td><td></td><td></td><td></td><td></td><td></td><td></td><td>0</td><td>1</td><td>0</td></tr>
<tr><td>0</td><td></td><td>0</td><td>1</td><td></td><td>1</td><td></td><td>0</td><td></td><td></td></tr>
<tr><td></td><td></td><td>0</td><td></td><td>1</td><td></td><td></td><td></td><td>0</td><td>0</td></tr>
<tr><td>1</td><td></td><td></td><td>1</td><td></td><td>1</td><td></td><td>0</td><td></td><td></td></tr>
</table>

MEDIUM #137

<table>
<tr><td></td><td></td><td>1</td><td>0</td><td></td><td>1</td><td>1</td><td></td><td>1</td><td></td></tr>
<tr><td>0</td><td></td><td></td><td></td><td>1</td><td></td><td></td><td></td><td></td><td>1</td></tr>
<tr><td>0</td><td></td><td></td><td></td><td></td><td></td><td></td><td></td><td>1</td><td></td></tr>
<tr><td></td><td></td><td></td><td></td><td></td><td></td><td>1</td><td></td><td>0</td><td>0</td></tr>
<tr><td>0</td><td></td><td></td><td></td><td></td><td></td><td></td><td>1</td><td></td><td></td></tr>
<tr><td></td><td>1</td><td></td><td></td><td></td><td></td><td></td><td></td><td></td><td></td></tr>
<tr><td></td><td></td><td>0</td><td>0</td><td></td><td></td><td>0</td><td>0</td><td></td><td></td></tr>
<tr><td></td><td></td><td></td><td></td><td></td><td></td><td>0</td><td></td><td>0</td><td></td></tr>
<tr><td>1</td><td></td><td>0</td><td>1</td><td></td><td></td><td></td><td></td><td></td><td>0</td></tr>
<tr><td></td><td></td><td></td><td>1</td><td></td><td></td><td>0</td><td></td><td></td><td>0</td></tr>
</table>

MEDIUM #138

<table>
<tr><td></td><td>0</td><td></td><td></td><td></td><td></td><td>1</td><td></td><td>1</td><td>1</td></tr>
<tr><td></td><td></td><td></td><td>0</td><td></td><td></td><td></td><td>0</td><td></td><td></td></tr>
<tr><td>0</td><td>0</td><td></td><td>0</td><td></td><td></td><td>0</td><td></td><td></td><td></td></tr>
<tr><td>0</td><td></td><td></td><td></td><td></td><td></td><td></td><td></td><td></td><td>1</td></tr>
<tr><td></td><td></td><td>0</td><td></td><td></td><td></td><td>1</td><td></td><td></td><td></td></tr>
<tr><td>0</td><td></td><td></td><td></td><td>0</td><td>0</td><td></td><td>1</td><td></td><td></td></tr>
<tr><td></td><td></td><td></td><td></td><td></td><td></td><td></td><td>1</td><td>1</td><td></td></tr>
<tr><td>1</td><td></td><td></td><td>1</td><td></td><td></td><td></td><td></td><td></td><td></td></tr>
<tr><td></td><td>1</td><td></td><td>1</td><td></td><td></td><td></td><td>0</td><td>1</td><td></td></tr>
<tr><td></td><td>1</td><td>1</td><td></td><td></td><td></td><td></td><td></td><td></td><td></td></tr>
</table>

MEDIUM #139

	0				0				1
						1	1		
		1	1						
	1			0		1	0		
	1	0	1		0	1			
		1	0	1	0	1			
	1							0	0
			1		1		0	1	0

MEDIUM #140

		1						1	
	0		0	1	0	1		1	1
						0			
	0			0	1				
	0	0						1	1
					1		1		
1						0	1		
		0							1
			0	0					
1			1				1		0

MEDIUM #141

				0			0		
					1		1	1	
0			0				0		1
		0		0			1	1	
0									
	1	1				1		0	
1							1		
		1	1						0
1	1					1		0	
	1			0		1	1		

MEDIUM #142

1					1		0		
						1			
1		1			0		0		
	0	1		1					
				1	0		0		
			1						
0		0			1		0	1	0
			0		0	1			1
		0		0				0	
1			1						

MEDIUM #143

0	0								
	1		0					1	
		1	1						
0	1	0				1	0		
0					1				0
	0				0			0	1
0	0		1						
		0	0				0		
1					1	0			0
1			1			0			

MEDIUM #144

0	0		1		0		0		
0	0				0	1			
						0	1		
0	0					1	1		
				0				1	
0		1						1	
		0			0	1			
	0	1		0	1				1
						0			
	1	0	1		1	0			

MEDIUM #145

		0		0					
		1			1	1		1	1
					1		1	1	
	0								
	0					1			
		0	0						1
				0	1	0		1	
	1		0					0	1
1	1					1	0		

MEDIUM #146

1				1		0			
0	0								1
	0		0					0	
1			0						
0		1			1			0	
		1				0			0
			0					0	0
	1							0	
1						0	0		0
			0				1		

MEDIUM #147

0	1	0		1	0	1			
		0		0	0				
							1	1	
	1		1			1		1	1
							1		
						0	0		
	1	1					1		
		1	1						
				0	0		0		
0							1		

MEDIUM #148

			0	0					
0	0		0		1				1
0						1		0	
	0	1				0		0	1
		1		0					
					0		0		1
					1	0			
	0			1				0	
1			1			0			
1					0				

MEDIUM #149

			0	0		0			1
				0			0		
	0					0	1		0
0									1
0					1			1	
								0	
	0		1		1	1			
0	0								1
			0		1		1		0
1	1		1			0		0	

MEDIUM #150

	0					1			1
		1					0		1
	1			1		0			
				0					
						1		1	
0		0			0				
1		1				1	0		
				1			0		
				1		0			0
		1			0		0	0	

HARD #1

	1			1					
0							0		
	1						1		1
					1				
	1	1					1		1
					1				0
		1				0		1	
						0			0
		1			1				0

HARD #2

				1			1		1
0					1				
						0			
0						0		1	
				1			0		
1		0	0						
						0		0	0
	0			1					
						0	0		
	1				1				

HARD #3

0									
0						1			1
							1		1
		0			0	0			
			0	0		0			
		1			1				1
					1	0			
	1								
	1			1					1

HARD #4

		1						1	
	0		0		1	1		1	
									1
		1	1						0
					1				
		1	1		0		0		0
							0		
	1								

HARD #5

					1	1			1
0			0						
								1	
0						1			
	1			0					1
									1
1									
					0	0		0	0

HARD #6

							0	1	
		1						1	1
		1		1	1				
								0	1
	0			0					
1				0		1			
1			1						
				0	1		1		
	1								0
				0	1				

HARD #7

0				1	0				
				1	1			1	
							0		
0					0				
0		0		0					
								1	
	1								
	1	1			0				
		1							
	1								

HARD #8

				1				1	1
0		0	0		0				
0								1	
0					0				0
	1			1		1			
	0			1					
						0	0		
	1								

HARD #9

						1		1	1
							0		1
			0			1			
0					0				
	1		1						
	0								
1			1			0		1	
0			0						
	1						0		0
					0	0			

HARD #10

0			0	0					
0					0			1	
	0			0					
		1	1					1	1
0									
					1		0		
			1						
		1	1			0	0		
	1								

HARD #11

		1		1					1
0		1	1		1				
								1	
		1				0		1	
									0
	0					1		1	
		0	0		0				0
	0						1		
		0							0
					1			0	

HARD #12

					0		1		
		1		1			1		
	0								
			0					0	
		1			1				
				0				1	1
1			1		1	1			
	0				0			0	
								0	

HARD #13

0									1
0		0		1		1	0		
				0				0	
								1	1
				0	1				
									0
		0	1		1				0
		0				0		0	
	1		1		0	0			

HARD #14

1				1			1		
	0		0						
	0							1	
					1				
			0		1				
						0			
1	0		1						
		1		1	1			0	
1						1		1	
1									0

HARD #15

				0	0		1		
		0			1		1	1	
0									
	1					1	1		
				1			1		
		1			0				
0				1					0
				1		0			
1			1						
1								1	

HARD #16

					1	1			1
0	0		0			1			
0		1							
			1						
			0					0	
1	1								1
	1			1			0		
						1			
								0	

HARD #17

				0					
	0					0	1		1
				1	1				
									1
		0							
					1				1
									1
						1			
1	1						0		1
	1			0				0	

HARD #18

				1			1		1
1		0	0		0				
								1	
0				1	1				
		1						1	
		1				1	1		
0									0
		1		1		1		1	
		1	1						

HARD #19

1	1								
		0	0						
					1				
					1		0	0	
								1	
1									
				0	1		1	0	
1				0				0	
1	1								

HARD #20

						0		1	
0				0		0			
									1
								1	1
					0	0		1	
1					0				
					0				
		0	0						
1	1						0		

HARD #21

1		1							
		1	1						0
			1				1	1	
					0	0			
0			0	1					
	0								
		0	0						0
1							1		

HARD #22

1		1			0			0	
	0								
							1		
0			1		0	0			
0						0			
	1		1					1	
0									
	1					0	0		
1	1		1			0			

HARD #23

							1	1	
0	0		0				0		
0		0	0						
					1			0	
			1	1			1		
				1					0
		1							0
									0

HARD #24

								1	
0			0	1		1			0
		1							
				1					
							0		
				1	1		0		1
		1							
0		1		0					
						1			0
			1		0	0			0

HARD #25

			1		0			1	
			1		1				1
0		0							
1						1			
1									
	1						1	0	
		0							
1	1		1			1			

HARD #26

					0		0	1	
0									
			0						
	0								
			1			0			
						0	0		0
		0						0	
			1	1					
1			1						
				1		1			

HARD #27

0			0						
0				1					
	0	0							
	0			1			1		
1	1								
				0	1				
1		0			1				
1	1					0			

HARD #28

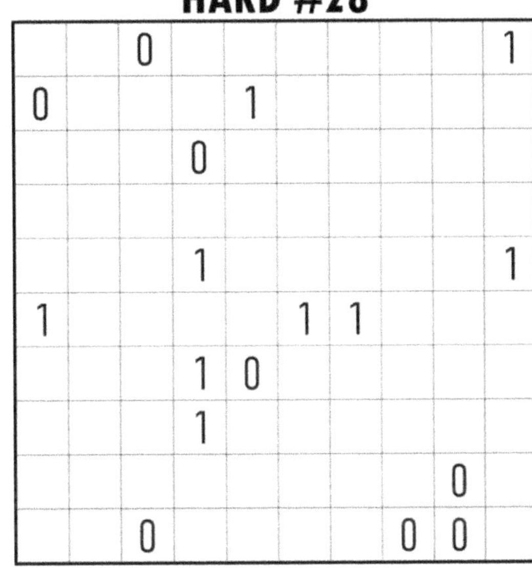

		0							1
0				1					
			0						
			1						1
1					1	1			
			1	0					
			1						
								0	
		0					0	0	

HARD #29

0		1	1				1		
0	0							1	1
							1	1	
		1			0		1		
0									0
	1			1			0		
	0			0					
						1			

HARD #30

0				1			1		
0				1		0			
								0	
						1	0		1
0		0		0					1
		1	0			1			
								0	0
					0				
		0							
		0				0		0	0

HARD #31

	0			0			0		
0		0	0						0
		0				0			
									1
0						0	0		
		0	0					1	
		1			1	1			
			0					1	0
					1				

HARD #32

		0			1				
0							1		
0									
			1			0		1	
					1				
0	0				1		1		
				0	0				
		0							
	1			0					

HARD #33

								0	
				1					1
0		1							
						1	1		1
0			0	0				0	
						1			
		1							
	0							0	0
1	1		1	1					

HARD #34

			0		1				
	0			0					0
		1							
								1	1
		0		1		0			1
		0							
	1					1			
							0	1	
		1							0
				0					

HARD #35

						0			
		0		0					
							1	1	
0	0						1		
				0					
			1		1			1	
	1	1					1		
			1					1	
	1					0		0	0
	1			0	1				0

HARD #36

			0						1
				1					1
		0				1	1		
0	0								
0						0	1		
									0
		0	1		1			0	
		0		0		1			
								0	
1	1							0	

HARD #37

1			1			0			
		0							
				1		0			
1					0				
					0		1	1	
									0
							0		
	1	1		1	1				
1	1		1					1	

HARD #38

	1			1				1	
	1				1				
					1	1			
			1	0		1		1	
1				0		0		1	
		1			1				
			0				0		0
1	1								

HARD #39

0					1				
		1			1	1			
		1				1			1
							0		1
		1							
		1		0					
1								1	
									0
				0			0		

HARD #40

0	0		0						
0		0		1		0	0		
				1					
					0				
								0	
0	0								
			1					1	
			1						
	1								
		0				1		0	

HARD #41

				1					1
		1			1		1		
					1	1			
								0	
0			0			0		0	
0				1					
	1						1		
1	1						0		1
	1								

HARD #42

		0							
							1		
0									
					1				
1									
			1						
1	1			0					
	0								
1		0							
1			1	1					

HARD #43

0	0							1	
0	0		0			1			
			0		0				
0		1							
					0		1		
	1	0			0		1		1
									1
	0				0				
					0				

HARD #44

			0	0		1		1	1
	0			1				1	1
0	0		0						
0									
			0		1			0	
								1	
			1			1			

HARD #45

	0		1					1	
					1			1	
						0			
	0	0		0					
								0	
		0				0	0		0
		1		1					
1				1		0	0		
					1				0

HARD #46

			0			1			0
			1			1	1		
0									
									1
0				0				0	
	1				1	1			
		0	0						
0				1					
		0				0			
					0				

HARD #47

			0			1	1		
			0						
							1	1	
		1		0		0			0
	0								
			0			1		1	1
	1	1						1	
1	1								

HARD #48

0	0		0	0					
0		0			1				
									1
		1							
		1		1					0
							1	1	
		1	1						
				0				0	
					0				

HARD #49

				1		1		1	1
			0			1			1
		1							
			0						1
0		0				0	0		
		1					0		
				0				1	
			1		1				
					0				

HARD #50

			0	0					
0		1			1	0			
						0		0	
	0								
				1		1			
									0
1	1		1			1	1		
1	1		1						
							0	0	

HARD #51

0	0				0			0	
			0	0					
						0			0
0			1				1	1	
0									
				0			1		0
				1	1				
					1				
		1							

HARD #52

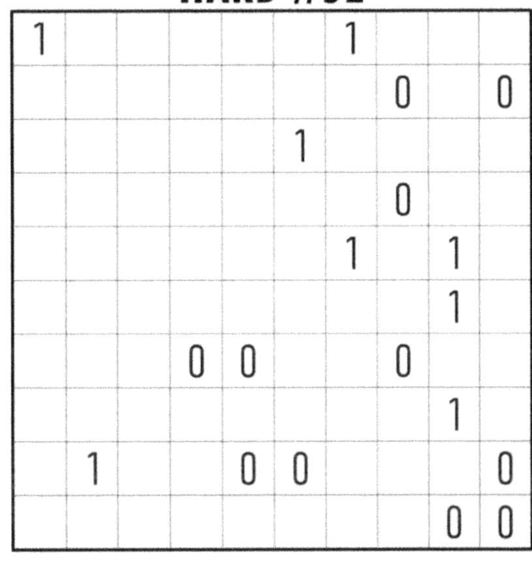

1						1			
							0		0
					1				
							0		
						1		1	
								1	
			0	0			0		
								1	
	1			0	0				0
								0	0

HARD #53

	0		1				0		
	0			0		1		0	
		1			1		1		
						1			
					0			1	
		1				0			
					0				
		1	1						
						1			
1						1			

HARD #54

0						0			
	0							1	
		1			0				
						0			1
				1	1			0	1
					1				
		0						0	
		1	1		0			0	

HARD #55

1			1						1
	0						0	0	
		0							
	0								
	0	1		1					0
			0					0	
			1				0	0	
							0		
			1	1				0	

HARD #56

0				1		1			
				1				1	
	1								
0				1			0		
	1				1				1
		1			0		0		
								1	0
					0				
1	1		0					1	
	1					0			

HARD #57

						1			
	0						0		
		1		0			0		
				0					
					1				
1									
			1			0	0		0
			0	0		1		1	
1									0
1	1								

HARD #58

0					1				1
	1			0	0				
							1		
			1			0			0
	1								
				1					
1	1		1	1					
					0			1	
									0
1			1						

HARD #59

				1				1	1
0									0
0				1	1				
			1		1				
				1					
	1		0					0	
0	0		0				0		
		0							1

HARD #60

0									
			1	1				1	
						1			
0		1	1				0		0
1	1			0	0				
0							0		
	1		1		0				
	1				0		0		

HARD #61

		0				1			
			0				0		
				1	1				1
				1					1
0									
1	1				1			0	
				1		1			1
	1	0						0	
1	1								

HARD #62

0		1	0					1	
		1			1				
		1					1		1
	1								
	0				1			1	
				0	0		0		1
0			1						
	1						0		
						0	0		

HARD #63

						1	0		
		1				1			1
		1	1					0	
		1					0		0
	0		0						
1				1					
	0								
				0	0				0
				0				0	0

HARD #64

	0		0		1	1			1
						1			1
		1							
	0			1	0			1	
	0								
						1			
		0				0	0		0
1				0					

HARD #65

	1			1				1	
0	0		0						
0		1							
						0	0		
		1					0		
	1			0					
				0					
	0				0				0
1				1					

HARD #66

		1			0		0		
			0		1	1			
1									
	0					1			
1		1		0				1	
0			0		0				
							0		0
			0	0		0		1	
					1				0

HARD #67

	0			0		1		0	
0	0								
		1					1		
	0				0				0
				1		1		1	
0									
				1					
	1					0			
							0		

HARD #68

				0				1	
			0					1	
	1								
								1	
0		0		0	0		0		
		1				0			
			1		1				
					1				0
1	1								
			1			0			0

HARD #69

		0				0			
									1
0		0					0	0	
0			1						
					1		1		
							1		
				1					1
	1		1					0	
1		0	1						1

HARD #70

1	0								1
		1	1						
				1					
		1						1	
	1			1		1			
0			0			1			
			0				0		
	0			0					
						0			0
1				1		0			

HARD #71

	0		0		1		1	1	
		1	0						
	1					0		1	
0									
					1				
1			0	0					
				0					0
	0								
								0	
						0		0	

HARD #72

1		0	1			1			1
		0							
0	0		0						
				1					
				1			1		
			1					0	
	1						0		1
			0			1			
1	1			1					

HARD #73

0									
						0			
0									
			1				1	1	
1				1			1	1	
			0						
			0						
		1					0		0
	1						0		
	1		1		0				

HARD #74

		0					0		
				0		1			
									0
	1			1	1				
								1	
1			0		1				
				0					0
	1		1				0	0	
		0			0			0	

HARD #75

			0	0					1
				1					
	1								
	0								
			1		1			1	
1						1		1	
1	1								
					0	0			
			0						
1	1								

HARD #76

						0	0		1
									1
		0	1				0		
				0		1		1	
			1			1			
	0	0							
	0							0	0
							0		1

HARD #77

	0		0		0				
		1		1				1	1
						0			
0					1				
0						0			
									0
			1		0	0			
			1					1	
1									
1									

HARD #78

			1				1		
	0						1	1	
								0	
	0								
0	0								
		1			1			0	
				0				1	
	0			0		0			
1	1								
			1			0			

HARD #79

1			1						
1			1			0			
				0					0
					1			1	1
								0	
			1		1	1			
							0		0
1	1		1			0			

HARD #80

					1				
0	0		0	0					
				0					
							1	1	
	0		1						
0					0				
0									
	1								1
		1	0			1	1		

HARD #81

			0						
			1		1				
1							0		
		1				1			
				0			0		0
	1	1							0
	1					1			
				0	0		1		
		0							1
								0	0

HARD #82

	0	0		0	0				
	0								
					1			1	
				1					
					0				
		1				1			
1	1		1				0		
1							1		
1								0	0

HARD #83

0	0			1		1			
0	0		0						
						0			
0		1							
0						0		0	
		1	0				1		
						0			
				1		1	1		
					1				

HARD #84

0			0			1			
		1						1	1
		1			1				
						1			1
				0					1
					0		0		
		1		0					
			0	0		1		1	
			1				1		

HARD #85

				0					
			1		1		1	1	
						0			
	1								
					0				
1							1		1
1									
	1			0		0			
	1	0				0			

HARD #86

0		0							
0			1						
			1			1			
0		0				1		0	
		1		1					1
				1					1
			1	1				0	
		0							

HARD #87

0				1	1				0
		0		0					
0					1				0
0			0	0				1	
							0		
	1	1							
				1				0	
		0		1					
							0	0	

HARD #88

						1		1	
							1		
				1	1		1	1	
	1			1				1	
							0		
0		1						1	
					0				0
0					0				
									0
				0					0

HARD #89

0	0		0		1				
0	0					0			
						0			
0				0				0	
0								1	
	0		0						0
						0	0		
				1					
	1						1		
					1				

HARD #90

		0			1				
						0			
					0				1
				1				0	1
0								1	
						1			0
	0				0				
1				1			1		
		0	1		0			0	0

HARD #91

					1	1			1
0	0			0					
1					0				
					0				
0									
	1						1	1	
1	1			1	0			1	
1	1								

HARD #92

				1				1	1
0						1			
	1								
					0	1			1
0		0					0		
		1			0			1	
				1					
	1					1	1		
		0			0				0

HARD #93

						1			
		1							
									0
0			0						0
	1								
	0							0	
1						1		0	0
	1		1	1				0	0
1	1		1						

HARD #94

		1					0		
0		0							
0			1					1	1
			1						1
						0	0		0
				1			0	0	
1									
	0							0	

HARD #95

0	0		0		1	1			
0					0				
								0	
1	0		1						1
			1						
		0				0			1
						0			
					1				
1	1				0				
1				0					

HARD #96

	0			1	1		1		
0				1					0
					0				
	1			0					1
					1			0	1
1					1				
				1				0	
1	1							0	
				0		1			

HARD #97

									1
						1		1	1
								1	
		1							
									0
	0				0				0
1				0					
			0						
1	1					1			
	1	0			0				

HARD #98

								1	1
1	1				1				
							1		1
		0	0		0		1		
0	1		0		0				
1		0				0			1
		0			0				
1							1		

HARD #99

			0					0	
				1			1		
0				1		0			
			0			0		1	
									0
	0					0			
					0	0		0	
1	1								1
									0

HARD #100

			0						
0	0		0		0				
							1		1
			1		0				1
				0		1		1	1
						1			
				0			1		
		0							

HARD #101

					1	1		0	
1		1							
			0		0				
	1					1	1		
1				1					
	0	0		0	0				
	1			0			1		0
1	1							0	

HARD #102

	1								1
0					1			1	
		0						1	
					1				1
				0			0		1
	0								
		0			1			0	0
0						0	1		
1	1		1			0		1	

HARD #103

	0						0		
	0		0		1		0	1	
								1	
	0				1				
	0			1					
		1				1			
1							0		
					0		1		
1									
					0				

HARD #104

		1				0			
					1			1	
0				1		0			0
1				1			1		
								1	
									0
		0	0				0		
						0			1
									1
			1			0			

HARD #105

		1							1
		1				1			1
				1		1			
		1							
						1			
	0				0				1
					0		0		
								1	1
	0			0					
				0			0		

HARD #106

0			0			1			
		1				1		1	1
		1							
0						1			
0	0								
		1				1		1	
			1						
						1	1		
			1						
					0				0

HARD #107

	0							0	
	0			1	1		1		
									1
			1		0		1	1	
		1	1		1				
							1		0
		0							
0									0
				0	0				

HARD #108

0		0		1					1
		0			0			1	1
0	0								
				0			0		
	0		0				0		0
	0								0
				0				1	
						0			
	0				1			0	

HARD #109

	0					1			
	0					1		0	
			1						
	0				0				1
			1			0		0	1
		0							
1						1			
	0							1	
1					1		0		
				0					0

HARD #110

								1	
		1	1						
	0								0
							0		
		1				1	1		
		1				1			
								1	
			0	0		1			
		1					0		0
								0	0

HARD #111

			0	0					
		1		1	0		0		
	1								
							0		
	0				0			0	0
1				0					
		1						1	
1						0			0
1	1							1	

HARD #112

							1		
							1		
		1				0			
		1							
								0	
0		1				0		1	
0									
				1					
	1			1			1		1
		0			0			0	

HARD #113

					1		0		
				0					
					1	1			
		1							
		1			0			0	0
							1		
					0			0	
						0	0		0
									0

HARD #114

						1			
								0	
				1					
1					1		0	0	
1						1			
			0						
		1			0		1		1
				1					
		1							0
					0			0	0

HARD #115

	0					1	1		
		1	1			1			
0		1						1	
	1			0		1			
		0							
1			0				1		0
					0				0
1				0					
	0			0					1

HARD #116

0			0		0				
		0		0	0				
			0						
				1			1	1	
							0		
		0							
			1				1	0	
1	1							0	
	1						1		
1					0				1

HARD #117

0									
0									
		0						1	
	1		1		0	0			
0									0
									0
	0								
			0						
	1		0				1		
	1					0	0		

HARD #118

		1							
						1			1
		1				1	1		
		1	0						0
0					0	0			
				0	0			0	
			1					0	
					0		0		0
1								0	

HARD #119

						1			1
0			0		0				
	1								
0							0		
0	0		1			0			
		1				1			
					0				
		1			0				1
	0		0					0	
1				0					

HARD #120

			1		0	0			
		0			1		1		
			1	1			0		
				1					
									1
1						0			
1				1					1
					1		0	0	
		0							

HARD #121

	0	0				1		1	
1					1				
		1							
	0			0		1		1	
							0	0	
		0			0				
				1				0	
					0			0	
1					0				

HARD #122

							0	0	
			0						1
		1					1	1	
0				0					
						0	0		1
				0	0		0		
		0							
				1			0		
	1					1			
1					0				

HARD #123

	0	0							
	0								
		1						0	0
				1					
	1					0			0
							1		0
				0	0				
									0
		1		1	1			0	
1	0			0	0				

HARD #124

			0			1			
0				1	1				
								1	
			1	1					
	1								
	1		1		1			0	
					0			1	
1		0							
1	1								

HARD #125

			0				1		1
			0						1
				1					
0						1			
	1		1						1
	1								
			1		1				
				1					
					1			0	
	0				1			0	

HARD #126

				0		1			1
0	0		0						
							1		
0			0				1	0	
0								0	
	1				1				
			1						
1	1								1
			1		0				

HARD #127

							1		
						0			
		1		1					1
	0								0
		1	0						
	1				1	0		1	
					1			1	
	1			0					
1	1		1	1					

HARD #128

			1						
					1				
		1					1		1
0	0							0	
0							0		
	0			1					
	0					1	1		
		1						0	
1									
1									

HARD #129

0			0				0		
	0		0			1		1	1
		1							
							1		
			1						
			0			0			
1					1		1	1	
	0							1	
									0

HARD #130

					1				1
0		1							
0		1	0						
			0					1	
	0				0				
1		1	1						
		1	1			0		0	
				0		0	1		

HARD #131

		1							1
								0	
			1	1					1
0	0				0				
								0	
			0						
		1		1					
						0			0
			1			0		0	0

HARD #132

					1				1
						0			0
1				0					
			0					1	
1		1				0			
			1				1		
		0				1		0	
0					1	1			
	1		0					0	
1	1				0	0		0	

HARD #133

1								1	
									0
					0				
			1		0				
								0	
0							1		
	1		1						
	0			1				1	
					0		0		
					0	0			0

HARD #134

	0					1			
0	0						1		
			0						
				1			0		
		0	0		0			1	
0									
1						1			0
1			1	1					

HARD #135

			1		0				
0									
	0		1		1	1			0
				0				1	
	1								0
			1						
		0				0		0	0
				0		0		0	0

HARD #136

								0	
	0						1		
	0								
			1		0				1
			0	0					
0	0				0			0	
			1	1			1		
									0
				0					
1			1						

HARD #137

0									
			1					1	
		0	0						0
1		0		1				1	
			0			0			
1		0	0			0			
	1	0		1	0				0
	1						1		

HARD #138

0			0						0
0			0		1				
		1							
								1	
0				0	0			1	
		1							0
						1			
	1			1					
		0				0		0	0

HARD #139

1					0			1	
	1								
			0					1	
		1					0		
1			0			1			
	0					1			
			0						1
		1					0		
	1				1			1	
1	1		1				1		

HARD #140

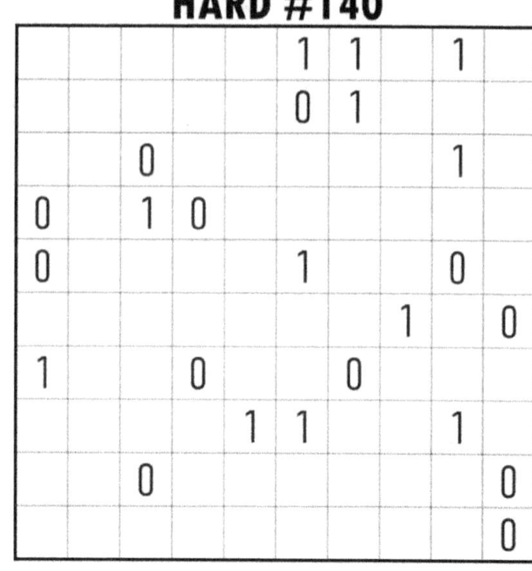

					1	1		1	
					0	1			
		0						1	
0		1	0						
0					1			0	
							1		0
1			0			0			
				1	1			1	
		0							0
									0

HARD #141

	0								
								0	
	1		1				0		
					0	1		1	
									1
1					0			1	1
		0	0						
				1				1	
1						0			
1			1	1					

HARD #142

0		0	0						
				1			0		1
						0			
0		0		1	0				
								1	
0			0					1	
		1			1				0
0	0								
					1			0	
1						0	1		

HARD #143

									1
								0	1
	1		0		1		0		
				0					0
	1		0	0			0		0
					1			0	
1	1				1				
								0	

HARD #144

1					0				
		1					1		1
0				0					
						1	1		1
									1
0						0			
0									0
	1								
	1							0	0

HARD #145

			1						
		0			1	1			
					0				
						1			
				0	0				
	1								
	1		0			1			
					0				
					0	0		0	0
	1								

HARD #146

1				0			1		
1									
								1	
		1	1						
1							1	1	
	1		0			1			
1	1							0	
								0	
				1		0			
			1	1		0			0

HARD #147

	1		0		0			1	
						1	1		
		0							
0				1			0		
						0			
		1							
				0					0
	0	0			1				
					1		0		0
0	1						0		

HARD #148

0	0		0						
						1	1		
				1					
		1		1					1
0									
							0		
				0	0				0
		0							
			1		0		1		0
				1				0	

HARD #149

1								1	1
	0								
0				0				0	
		0					0	0	
	1			0					
					1				
				1					
									1
					0	0			
1					1		0		

HARD #150

					0		1		
					0				
1		1	1				1		
		1				1			1
							1		1
0		0							
									0
1	1			0	0				
			1					0	0

EASY #1

0	0	1	0	1	0	1	0	1	1
1	1	0	0	1	0	0	1	1	0
0	0	1	1	0	1	1	0	0	1
0	1	1	0	0	1	0	0	1	1
1	0	0	1	1	0	1	1	0	0
0	0	1	0	0	1	1	0	1	1
1	1	0	1	1	0	0	1	0	0
0	0	1	0	1	1	0	1	1	0
1	1	0	1	0	0	1	0	0	1
1	1	0	1	0	1	0	1	0	0

EASY #2

1	1	0	1	0	0	1	0	0	1
0	0	1	0	1	1	0	1	1	0
0	0	1	0	1	0	1	0	1	1
1	1	0	1	0	1	0	1	0	0
1	0	0	1	0	1	0	0	1	1
0	0	1	0	1	0	1	1	0	1
0	1	0	1	0	1	0	1	1	0
1	0	1	0	1	0	1	0	0	1
0	1	1	0	0	1	1	0	1	0
1	1	0	1	1	0	0	1	0	0

EASY #3

0	0	1	0	1	0	1	1	0	1
1	0	0	1	0	0	1	0	1	1
0	1	1	0	0	1	0	1	1	0
1	0	0	1	1	0	0	1	0	1
0	0	1	1	0	1	1	0	1	0
0	1	1	0	0	1	1	0	0	1
1	1	0	0	1	0	0	1	1	0
0	0	1	1	0	1	1	0	0	1
1	1	0	0	1	1	0	0	1	0
1	1	0	1	1	0	0	1	0	0

EASY #4

1	0	0	1	0	0	1	0	1	1
0	0	1	1	0	0	1	0	1	1
0	1	1	0	1	1	0	1	0	0
1	0	0	1	0	1	0	0	1	1
0	0	1	0	1	0	1	1	0	1
0	1	1	0	1	0	1	1	0	0
1	1	0	1	0	1	0	0	1	0
0	0	1	0	1	0	1	0	1	1
1	1	0	0	1	1	0	1	0	0
1	1	0	1	0	1	0	1	0	0

EASY #5

1	0	0	1	0	0	1	0	1	1
0	1	0	0	1	0	1	1	0	1
0	0	1	1	0	1	0	1	1	0
1	0	1	0	1	0	1	0	1	0
0	1	0	0	1	1	0	1	0	1
0	0	1	1	0	0	1	1	0	1
1	1	0	0	1	1	0	0	1	0
0	1	1	0	1	0	1	0	0	1
1	0	1	1	0	1	0	1	0	0
1	1	0	1	0	1	0	0	1	0

EASY #6

1	0	0	1	0	1	0	1	1	0
0	1	1	0	1	0	1	0	0	1
0	0	1	0	1	1	0	1	1	0
1	0	0	1	0	1	0	0	1	1
0	1	1	0	1	0	1	1	0	0
0	0	1	0	1	0	1	1	0	1
1	1	0	1	0	1	0	0	1	0
0	0	1	1	0	1	0	1	0	1
1	1	0	0	1	0	1	0	1	0
1	1	0	1	0	0	1	0	0	1

EASY #7

0	0	1	0	0	1	1	0	1	1
0	1	1	0	0	1	0	0	1	1
1	0	0	1	1	0	1	1	0	0
1	0	0	1	0	0	1	0	1	1
0	1	1	0	1	1	0	0	1	0
0	0	1	0	1	0	1	1	0	1
1	1	0	1	0	1	0	1	0	0
0	0	1	1	0	0	1	0	1	1
1	1	0	0	1	1	0	1	0	0
1	1	0	1	1	0	0	1	0	0

EASY #8

1	1	0	0	1	1	0	0	1	0
0	0	1	0	1	0	1	0	1	1
1	0	0	1	0	1	0	1	0	1
0	1	1	0	1	1	0	0	1	0
0	1	0	0	1	0	1	1	0	1
1	0	1	1	0	0	1	1	0	0
0	0	1	1	0	1	0	0	1	1
0	1	0	0	1	0	1	0	1	1
1	0	1	1	0	1	0	1	0	0
1	1	0	1	0	0	1	1	0	0

EASY #9

0	0	1	1	0	0	1	1	0	1
0	0	1	0	0	1	1	0	1	1
1	1	0	0	1	0	0	1	1	0
0	1	0	1	0	1	1	0	0	1
0	0	1	0	1	1	0	0	1	1
1	0	1	0	1	0	1	1	0	0
1	1	0	1	0	1	0	0	1	0
0	0	1	0	1	0	1	0	1	1
1	1	0	1	0	1	0	1	0	0
1	1	0	1	1	0	0	1	0	0

EASY #10

0	0	1	0	0	1	1	0	1	1
0	1	0	0	1	1	0	0	1	1
1	0	1	1	0	0	1	1	0	0
0	0	1	0	1	0	1	0	1	1
1	1	0	0	1	1	0	1	0	0
0	0	1	1	0	0	1	0	1	1
1	1	0	1	0	1	0	1	0	0
0	0	1	0	1	1	0	1	0	1
1	1	0	1	0	0	1	0	1	0
1	1	0	1	1	0	0	1	0	0

EASY #11

0	1	1	0	0	1	1	0	0	1
0	0	1	0	1	0	1	0	1	1
1	0	0	1	0	1	0	1	1	0
0	1	0	0	1	0	1	1	0	1
1	0	1	0	1	0	1	0	1	0
0	0	1	1	0	1	0	0	1	1
1	1	0	1	0	1	0	1	0	0
0	0	1	0	1	0	1	1	0	1
1	1	0	1	0	1	0	0	1	0
1	1	0	1	1	0	0	1	0	0

EASY #12

0	0	1	0	1	0	1	1	0	1
1	1	0	0	1	0	1	0	0	1
0	0	1	1	0	1	0	1	1	0
0	0	1	0	1	1	0	0	1	1
1	1	0	1	0	0	1	0	0	1
0	1	0	1	0	1	0	1	1	0
1	0	1	0	1	0	1	1	0	0
0	1	0	1	0	0	1	0	1	1
1	1	0	1	0	1	0	0	1	0
1	0	1	0	1	1	0	1	0	0

EASY #13

1	0	0	1	0	0	1	1	0	1
0	0	1	0	0	1	1	0	1	1
0	1	0	0	1	1	0	1	1	0
1	0	0	1	1	0	0	1	0	1
1	0	1	0	0	1	1	0	1	0
0	1	1	0	1	0	0	1	1	0
0	1	0	1	1	0	1	0	0	1
1	0	1	1	0	1	0	1	0	0
0	1	1	0	1	1	0	0	1	0
1	1	0	1	0	0	1	0	0	1

EASY #14

1	0	0	1	0	0	1	0	1	1
1	0	1	1	0	0	1	0	1	0
0	1	0	0	1	1	0	1	0	1
0	0	1	0	1	1	0	1	1	0
1	0	1	1	0	0	1	0	0	1
0	1	0	1	0	0	1	1	0	1
0	1	0	0	1	1	0	1	1	0
1	0	1	1	0	1	0	0	1	0
0	1	1	0	1	0	1	0	0	1
1	1	0	0	1	1	0	1	0	0

EASY #15

0	0	1	0	1	1	0	1	0	1
0	0	1	0	1	0	1	0	1	1
1	1	0	1	0	1	0	0	1	0
0	0	1	0	1	0	1	1	0	1
1	1	0	1	0	0	1	0	0	1
0	1	0	0	1	1	0	1	1	0
1	0	1	1	0	0	1	0	1	0
0	0	1	1	0	0	1	1	0	1
1	1	0	0	1	1	0	0	1	0
1	1	0	1	0	1	0	1	0	0

EASY #16

1	1	0	0	1	0	0	1	0	1
1	1	0	1	0	0	1	0	1	0
0	0	1	0	1	1	0	1	0	1
0	0	1	1	0	0	1	0	1	1
1	1	0	1	0	0	1	1	0	0
0	0	1	0	1	1	0	0	1	1
1	0	0	1	0	1	0	1	1	0
0	1	0	1	1	0	1	0	0	1
0	1	1	0	1	1	0	1	0	0
1	0	1	0	0	1	1	0	1	0

EASY #17

1	0	0	1	0	1	0	1	1	0
0	0	1	0	0	1	1	0	1	1
0	1	0	0	1	0	1	1	0	1
1	0	1	1	0	1	0	0	1	0
0	1	1	0	0	1	1	0	0	1
0	1	0	1	1	0	0	1	0	1
1	0	0	1	1	0	1	0	1	0
0	1	1	0	0	1	0	0	1	1
1	0	1	0	1	0	1	1	0	0
1	1	0	1	1	0	0	1	0	0

EASY #18

0	0	1	0	0	1	1	0	1	1
0	1	0	0	1	0	1	0	1	1
1	1	0	1	0	1	0	1	0	0
0	0	1	1	0	0	1	1	0	1
0	0	1	0	1	1	0	0	1	1
1	1	0	0	1	0	1	0	1	0
1	0	1	1	0	1	0	1	0	0
0	0	1	0	1	0	1	1	0	1
1	1	0	1	0	1	0	0	1	0
1	1	0	1	1	0	0	1	0	0

EASY #19

1	0	0	1	1	0	0	1	0	1
0	0	1	1	0	1	1	0	1	0
0	1	1	0	1	0	1	0	0	1
1	0	0	1	0	1	0	1	1	0
0	0	1	0	0	1	1	0	1	1
0	1	1	0	1	0	0	1	0	1
1	1	0	1	0	0	1	0	1	0
0	0	1	0	1	1	0	1	0	1
1	1	0	0	1	0	1	1	0	0
1	1	0	1	0	1	0	0	1	0

EASY #20

0	0	1	0	1	1	0	0	1	1
0	0	1	0	1	0	1	1	0	1
1	1	0	1	0	1	0	1	0	0
0	0	1	0	1	0	1	0	1	1
0	1	0	1	0	1	1	0	0	1
1	0	1	0	1	0	0	1	1	0
1	1	0	1	0	0	1	0	1	0
0	0	1	1	0	1	0	1	0	1
1	1	0	0	1	0	1	1	0	0
1	1	0	1	0	1	0	0	1	0

EASY #21

1	0	0	1	0	0	1	1	0	1
0	0	1	0	0	1	1	0	1	1
0	1	0	0	1	1	0	1	1	0
1	0	0	1	1	0	1	0	0	1
0	0	1	1	0	1	1	0	1	0
0	1	1	0	0	1	0	1	0	1
1	1	0	0	1	0	0	1	1	0
1	0	1	1	0	0	1	0	0	1
0	1	1	0	1	1	0	0	1	0
1	1	0	1	1	0	0	1	0	0

EASY #22

1	1	0	0	1	0	1	1	0	0
0	0	1	0	0	1	1	0	1	1
0	1	0	1	0	1	0	1	0	1
1	0	1	0	1	0	1	0	1	0
0	0	1	0	1	0	1	1	0	1
0	1	0	1	0	1	0	0	1	1
1	0	1	1	0	1	0	1	0	0
0	0	1	0	1	0	1	0	1	1
1	1	0	1	1	0	0	1	0	0
1	1	0	1	0	1	0	0	1	0

EASY #23

0	0	1	0	1	0	1	0	1	1
0	0	1	1	0	1	1	0	1	0
1	1	0	1	0	1	0	1	0	0
0	0	1	0	1	0	1	1	0	1
0	1	0	1	1	0	1	0	1	0
1	0	1	0	0	1	0	0	1	1
1	1	0	0	1	0	0	1	0	1
0	1	0	1	0	1	1	0	1	0
1	0	1	0	0	1	0	1	0	1
1	1	0	1	1	0	0	1	0	0

EASY #24

0	0	1	0	0	1	1	0	1	1
0	0	1	0	1	0	1	0	1	1
1	1	0	1	1	0	0	1	0	0
0	0	1	1	0	1	0	1	0	1
1	1	0	0	1	0	1	0	1	0
0	1	0	1	0	1	0	1	0	1
1	0	1	0	1	0	1	1	0	0
1	1	0	1	0	1	0	0	1	0
0	1	0	1	1	0	0	1	0	1
1	0	1	0	0	1	1	0	1	0

EASY #25

0	0	1	0	0	1	1	0	1	1
0	1	0	1	1	0	0	1	0	1
1	0	0	1	0	1	1	0	1	0
0	1	1	0	1	0	0	1	0	1
1	1	0	0	1	0	1	0	0	1
0	0	1	1	0	1	1	0	1	0
1	0	0	1	1	0	0	1	1	0
1	1	0	0	1	0	0	1	0	1
0	1	1	0	0	1	1	0	1	0
1	0	1	1	0	1	0	1	0	0

EASY #26

0	0	1	1	0	0	1	0	1	1
1	0	0	1	0	0	1	1	0	1
0	1	0	0	1	1	0	1	1	0
1	0	1	0	0	1	1	0	0	1
0	1	0	1	1	0	1	0	1	0
0	0	1	0	1	1	0	1	0	1
1	1	0	1	0	1	0	0	1	0
0	1	1	0	1	0	1	0	0	1
1	0	1	0	0	1	0	1	1	0
1	1	0	1	1	0	0	1	0	0

EASY #27

0	0	1	0	0	1	1	0	1	1
0	0	1	0	1	1	0	1	1	0
1	1	0	1	0	0	1	1	0	0
1	0	1	0	0	1	0	0	1	1
0	1	0	1	1	0	1	0	1	0
0	0	1	0	1	0	1	1	0	1
1	1	0	1	0	1	0	1	0	0
0	0	1	1	0	1	0	0	1	1
1	1	0	0	1	0	1	0	0	1
1	1	0	1	1	0	0	1	0	0

EASY #28

0	1	0	0	1	0	1	1	0	1
0	1	0	1	0	1	0	1	1	0
1	0	1	0	1	0	1	0	1	0
1	0	0	1	0	1	0	1	0	1
0	1	1	0	1	1	0	0	1	0
0	0	1	0	1	0	1	1	0	1
1	0	0	1	0	1	0	0	1	1
0	1	1	0	1	1	0	1	0	0
1	0	1	1	0	0	1	0	0	1
1	1	0	1	0	0	1	0	1	0

EASY #29

0	0	1	0	1	0	1	0	1	1
1	1	0	0	1	0	1	0	1	0
0	0	1	1	0	1	0	1	0	1
0	0	1	0	1	0	1	1	0	1
1	1	0	0	1	1	0	0	1	0
0	1	0	1	0	1	0	1	1	0
1	0	1	1	0	0	1	0	0	1
0	1	0	0	1	0	1	0	1	1
1	1	0	1	0	1	0	1	0	0
1	0	1	1	0	1	0	1	0	0

EASY #30

0	0	1	0	0	1	1	0	1	1
0	0	1	1	0	1	0	1	1	0
1	1	0	0	1	0	1	0	0	1
0	0	1	0	1	0	1	0	1	1
1	1	0	1	0	1	0	1	0	0
0	1	0	1	1	0	0	1	0	1
1	0	1	0	0	1	1	0	1	0
0	0	1	0	1	0	1	1	0	1
1	1	0	1	0	1	0	0	1	0
1	1	0	1	1	0	0	1	0	0

EASY #31

0	1	0	0	1	1	0	0	1	1
0	0	1	0	1	0	1	0	1	1
1	0	1	1	0	1	0	1	0	0
0	1	0	1	1	0	1	1	0	0
0	0	1	0	0	1	1	0	1	1
1	0	1	0	0	1	0	1	1	0
1	1	0	1	1	0	0	1	0	0
0	0	1	1	0	1	1	0	0	1
1	1	0	0	1	0	0	1	1	0
1	1	0	1	0	0	1	0	0	1

EASY #32

1	0	0	1	0	1	0	0	1	1
1	0	0	1	0	1	0	1	1	0
0	1	1	0	1	0	1	0	0	1
0	0	1	0	0	1	1	0	1	1
1	1	0	1	0	1	0	1	0	0
0	0	1	0	1	0	1	0	1	1
0	1	0	1	1	0	1	1	0	0
1	0	1	0	0	1	0	1	0	1
0	1	1	0	1	0	1	0	1	0
1	1	0	1	1	0	0	1	0	0

EASY #33

1	0	0	1	1	0	0	1	0	1
1	1	0	1	0	0	1	0	1	0
0	0	1	0	1	1	0	1	0	1
0	0	1	0	0	1	1	0	1	1
1	1	0	1	0	0	1	1	0	0
0	0	1	0	1	1	0	1	1	0
0	1	0	1	0	0	1	0	1	1
1	0	1	0	1	0	1	0	0	1
0	1	1	0	1	1	0	1	0	0
1	1	0	1	0	1	0	0	1	0

EASY #34

0	0	1	0	0	1	1	0	1	1
0	0	1	0	1	0	1	1	0	1
1	1	0	1	0	1	0	0	1	0
1	0	1	0	1	0	0	1	0	1
0	1	0	0	1	0	1	1	0	1
0	0	1	1	0	1	1	0	1	0
1	1	0	1	1	0	0	1	0	0
0	0	1	0	1	1	0	0	1	1
1	1	0	1	0	0	1	0	1	0
1	1	0	1	0	1	0	1	0	0

EASY #35

1	0	0	1	0	0	1	0	1	1
0	0	1	0	1	1	0	1	0	1
0	1	1	0	0	1	1	0	1	0
1	0	0	1	0	0	1	1	0	1
0	1	1	0	1	1	0	0	1	0
1	0	1	0	0	1	0	0	1	1
0	1	0	1	1	0	1	1	0	0
0	0	1	0	1	0	1	0	1	1
1	1	0	1	0	1	0	1	0	0
1	1	0	1	1	0	0	1	0	0

EASY #36

0	0	1	0	1	1	0	1	1	0
0	1	0	0	1	0	1	0	1	1
1	0	1	1	0	1	0	1	0	0
0	0	1	0	0	1	1	0	1	1
0	1	0	1	1	0	0	1	0	1
1	0	1	0	1	0	1	0	1	0
1	1	0	1	0	1	0	1	0	0
0	1	1	0	0	1	0	0	1	1
1	0	0	1	1	0	1	1	0	0
1	1	0	1	0	0	1	0	0	1

EASY #37

0	0	1	0	0	1	1	0	1	1
1	0	1	0	0	1	0	1	0	1
0	1	0	1	1	0	0	1	1	0
0	0	1	0	1	0	1	0	1	1
1	0	0	1	0	1	1	0	0	1
0	1	1	0	1	0	0	1	1	0
1	1	0	1	0	0	1	1	0	0
0	0	1	1	0	1	1	0	0	1
1	1	0	0	1	1	0	0	1	0
1	1	0	1	1	0	0	1	0	0

EASY #38

0	0	1	0	1	1	0	1	1	0
0	0	1	0	1	0	1	1	0	1
1	1	0	1	0	1	0	0	1	0
0	0	1	0	0	1	1	0	1	1
0	1	0	1	1	0	0	1	0	1
1	0	1	0	0	1	1	0	1	0
1	1	0	1	1	0	0	1	0	0
0	0	1	1	0	1	0	1	0	1
1	1	0	0	1	0	1	0	1	0
1	1	0	1	0	0	1	0	0	1

EASY #39

0	0	1	0	1	1	0	0	1	1
0	0	1	0	0	1	1	0	1	1
1	1	0	1	0	0	1	1	0	0
0	0	1	0	1	1	0	1	0	1
0	1	0	1	0	0	1	0	1	1
1	1	0	0	1	1	0	1	0	0
1	0	1	1	0	0	1	1	0	0
0	1	0	0	1	1	0	0	1	1
1	1	0	1	1	0	0	1	0	0
1	0	1	1	0	0	1	0	1	0

EASY #40

0	0	1	0	0	1	1	0	1	1
1	0	0	1	0	0	1	0	1	1
0	1	1	0	1	1	0	1	0	0
0	0	1	0	1	0	1	1	0	1
1	1	0	1	0	0	1	0	1	0
0	1	0	0	1	1	0	1	0	1
1	0	1	1	0	1	0	1	0	0
0	0	1	1	0	0	1	0	1	1
1	1	0	0	1	1	0	0	1	0
1	1	0	1	1	0	0	1	0	0

EASY #41

1	0	0	1	0	0	1	0	1	1
0	1	1	0	1	0	1	0	0	1
0	0	1	0	1	1	0	1	1	0
1	1	0	1	0	0	1	0	1	0
0	0	1	0	1	0	1	1	0	1
0	1	0	0	1	1	0	1	0	1
1	0	1	1	0	1	0	0	1	0
0	0	1	1	0	0	1	0	1	1
1	1	0	0	1	1	0	1	0	0
1	1	0	1	0	1	0	1	0	0

EASY #42

0	0	1	0	0	1	1	0	1	1
0	0	1	1	0	0	1	1	0	1
1	1	0	0	1	1	0	0	1	0
0	0	1	0	1	1	0	1	1	0
0	1	0	1	0	0	1	1	0	1
1	0	1	0	1	0	1	0	1	0
1	1	0	1	0	1	0	1	0	0
0	1	1	0	1	0	1	0	0	1
1	0	0	1	0	1	0	0	1	1
1	1	0	1	1	0	0	1	0	0

EASY #43

0	1	0	0	1	1	0	0	1	1
0	0	1	0	1	0	1	0	1	1
1	0	1	1	0	0	1	1	0	0
0	1	0	0	1	1	0	1	0	1
0	0	1	1	0	1	1	0	1	0
1	1	0	1	0	0	1	0	0	1
1	0	1	0	1	0	0	1	1	0
0	0	1	0	0	1	1	0	1	1
1	1	0	1	0	1	0	1	0	0
1	1	0	1	1	0	0	1	0	0

EASY #44

0	0	1	1	0	0	1	0	1	1
0	0	1	0	0	1	1	0	1	1
1	1	0	1	1	0	0	1	0	0
0	0	1	0	1	1	0	1	0	1
0	1	0	1	0	0	1	0	1	1
1	1	0	0	1	1	0	1	0	0
1	0	1	0	0	1	0	1	1	0
0	1	0	1	1	0	1	0	0	1
1	1	0	0	1	0	1	1	0	0
1	0	1	1	0	1	0	0	1	0

EASY #45

0	1	0	0	1	0	1	1	0	1
0	0	1	0	0	1	1	0	1	1
1	0	0	1	0	1	0	1	1	0
0	1	1	0	1	0	0	1	0	1
0	0	1	1	0	1	1	0	0	1
1	1	0	0	1	0	1	0	1	0
1	0	1	1	0	1	0	1	0	0
0	0	1	0	1	1	0	0	1	1
1	1	0	1	0	0	1	0	1	0
1	1	0	1	1	0	0	1	0	0

EASY #46

0	0	1	0	1	0	1	1	0	1
0	0	1	1	0	1	0	0	1	1
1	1	0	1	0	1	0	1	0	0
0	0	1	0	1	0	1	0	1	1
1	0	0	1	1	0	0	1	1	0
0	1	1	0	0	1	1	0	0	1
1	1	0	0	1	0	1	1	0	0
0	0	1	1	0	1	0	1	1	0
1	1	0	0	1	0	1	0	0	1
1	1	0	1	0	1	0	0	1	0

EASY #47

0	0	1	0	1	0	1	0	1	1
0	0	1	0	0	1	1	0	1	1
1	1	0	1	0	1	0	1	0	0
0	1	0	0	1	0	1	1	0	1
0	0	1	1	0	1	0	0	1	1
1	0	0	1	0	1	0	1	1	0
1	1	0	0	1	0	1	1	0	0
0	1	1	0	1	0	1	0	0	1
1	0	1	1	0	1	0	0	1	0
1	1	0	1	1	0	0	1	0	0

EASY #48

0	0	1	0	1	0	1	1	0	1
0	0	1	0	0	1	1	0	1	1
1	1	0	1	1	0	0	1	0	0
0	1	0	0	1	0	1	0	1	1
0	0	1	1	0	1	0	1	0	1
1	0	1	0	1	0	1	0	1	0
1	1	0	1	0	1	0	0	1	0
0	0	1	0	1	1	0	1	0	1
1	1	0	1	0	0	1	0	1	0
1	1	0	1	0	1	0	1	0	0

EASY #49

0	1	0	0	1	0	1	0	1	1
1	0	1	0	1	0	1	0	1	0
0	1	0	1	0	1	0	1	0	1
0	0	1	0	0	1	1	0	1	1
1	0	1	0	1	0	0	1	1	0
0	1	0	1	0	1	1	0	0	1
1	0	1	1	0	1	0	1	0	0
0	0	1	0	1	0	1	0	1	1
1	1	0	1	0	1	0	1	0	0
1	1	0	1	1	0	0	1	0	0

EASY #50

0	1	0	0	1	0	1	0	1	1
0	0	1	0	1	0	1	0	1	1
1	0	1	1	0	1	0	1	0	0
0	1	0	1	0	0	1	0	1	1
0	0	1	0	1	1	0	1	0	1
1	0	1	1	0	0	1	1	0	0
1	1	0	1	0	1	0	0	1	0
0	0	1	0	1	0	1	1	0	1
1	1	0	0	1	1	0	0	1	0
1	1	0	1	0	1	0	1	0	0

EASY #51

0	0	1	0	1	0	1	1	0	1
0	1	0	0	1	0	1	0	1	1
1	0	0	1	0	1	0	1	1	0
0	0	1	1	0	0	1	1	0	1
0	1	1	0	1	1	0	0	1	0
1	1	0	0	1	0	1	0	0	1
1	0	1	1	0	1	0	1	0	0
0	1	0	1	0	1	1	0	1	0
1	1	0	0	1	0	0	1	0	1
1	0	1	1	0	1	0	0	1	0

EASY #52

0	0	1	0	0	1	1	0	1	1
1	1	0	0	1	0	1	0	0	1
0	0	1	1	0	1	0	1	1	0
0	0	1	0	1	0	1	0	1	1
1	1	0	1	0	0	1	1	0	0
0	0	1	0	1	1	0	1	0	1
1	1	0	1	0	1	0	0	1	0
1	0	0	1	0	0	1	0	1	1
0	1	1	0	1	1	0	1	0	0
1	1	0	1	1	0	0	1	0	0

EASY #53

0	0	1	0	0	1	1	0	1	1
1	1	0	0	1	0	1	0	1	0
0	0	1	1	0	1	0	1	0	1
0	0	1	1	0	0	1	0	1	1
1	1	0	0	1	1	0	1	0	0
0	1	0	0	1	0	1	1	0	1
1	0	1	1	0	1	0	0	1	0
0	0	1	0	1	1	0	1	1	0
1	1	0	1	0	0	1	0	0	1
1	1	0	1	1	0	0	1	0	0

EASY #54

0	1	0	1	1	0	1	1	0	0
1	0	1	0	0	1	1	0	1	0
0	0	1	0	1	1	0	1	0	1
0	1	0	1	1	0	1	0	1	0
1	0	1	0	0	1	0	1	0	1
1	0	0	1	0	0	1	0	1	1
0	1	1	0	1	0	0	1	1	0
0	0	1	1	0	1	1	0	0	1
1	1	0	1	0	1	0	0	1	0
1	1	0	0	1	0	0	1	0	1

EASY #55

0	1	0	0	1	0	1	1	0	1
0	0	1	0	0	1	1	0	1	1
1	0	0	1	1	0	0	1	1	0
0	1	0	0	1	1	0	1	0	1
1	0	1	1	0	0	1	0	1	0
0	1	0	1	0	0	1	0	1	1
1	0	1	0	1	1	0	1	0	0
1	1	0	1	0	0	1	0	0	1
0	1	1	0	1	1	0	0	1	0
1	0	1	1	0	1	0	1	0	0

EASY #56

1	0	0	1	0	0	1	0	1	1
0	1	1	0	0	1	1	0	0	1
0	0	1	0	1	1	0	1	1	0
1	0	0	1	0	0	1	1	0	1
0	1	1	0	1	0	1	0	1	0
0	0	1	0	1	1	0	0	1	1
1	1	0	1	0	1	0	1	0	0
0	0	1	1	0	0	1	1	0	1
1	1	0	0	1	1	0	0	1	0
1	1	0	1	1	0	0	1	0	0

EASY #57

0	1	0	1	0	0	1	0	1	1
0	0	1	0	1	1	0	1	1	0
1	0	0	1	1	0	0	1	0	1
0	1	1	0	0	1	1	0	1	0
0	0	1	0	1	1	0	0	1	1
1	1	0	1	1	0	0	1	0	0
1	0	1	0	0	1	1	0	0	1
0	0	1	1	0	0	1	0	1	1
1	1	0	0	1	1	0	1	0	0
1	1	0	1	0	0	1	1	0	0

EASY #58

0	0	1	0	0	1	1	0	1	1
1	0	0	1	0	0	1	1	0	1
0	1	0	0	1	1	0	1	1	0
0	0	1	1	0	0	1	0	1	1
1	1	0	1	1	0	0	1	0	0
1	0	1	0	1	1	0	0	1	0
0	1	1	0	0	1	1	0	0	1
0	1	0	1	1	0	0	1	0	1
1	0	1	0	1	0	1	0	1	0
1	1	0	1	0	1	0	1	0	0

EASY #59

1	1	0	0	1	1	0	0	1	0
0	0	1	0	1	0	1	0	1	1
0	0	1	1	0	1	0	1	0	1
1	1	0	0	1	0	1	0	1	0
0	0	1	0	1	1	0	1	0	1
0	0	1	1	0	1	0	1	1	0
1	1	0	1	0	0	1	0	0	1
0	1	0	0	1	0	1	0	1	1
1	0	1	1	0	1	0	1	0	0
1	1	0	1	0	0	1	1	0	0

EASY #60

1	0	0	1	0	1	0	0	1	1
0	0	1	0	0	1	1	0	1	1
0	1	1	0	1	0	1	1	0	0
1	0	0	1	1	0	0	1	1	0
0	0	1	1	0	1	1	0	0	1
0	1	1	0	0	1	0	0	1	1
1	1	0	0	1	0	1	1	0	0
0	0	1	1	0	0	1	1	0	1
1	1	0	0	1	1	0	0	1	0
1	1	0	1	1	0	0	1	0	0

EASY #61

1	0	0	1	0	0	1	0	1	1
1	1	0	0	1	1	0	1	0	0
0	0	1	0	1	0	1	0	1	1
0	1	0	1	0	1	0	1	1	0
1	1	0	0	1	0	1	1	0	0
0	0	1	0	1	1	0	0	1	1
0	0	1	1	0	0	1	1	0	1
1	1	0	1	0	1	0	0	1	0
0	1	1	0	1	1	0	1	0	0
1	0	1	1	0	0	1	0	0	1

EASY #62

0	1	0	0	1	0	1	1	0	1
0	0	1	1	0	0	1	0	1	1
1	0	0	1	0	1	0	1	1	0
0	1	0	0	1	1	0	1	0	1
1	0	1	0	1	0	1	0	1	0
1	0	0	1	0	1	0	0	1	1
0	1	1	0	1	0	1	1	0	0
1	0	1	1	0	0	1	0	0	1
1	1	0	1	0	1	0	0	1	0
0	1	1	0	1	1	0	1	0	0

EASY #63

0	1	0	0	1	1	0	0	1	1
0	0	1	0	1	0	1	0	1	1
1	0	1	1	0	1	0	1	0	0
0	1	0	1	0	1	1	0	1	0
0	0	1	0	1	0	1	1	0	1
1	0	1	0	0	1	0	0	1	1
1	1	0	1	0	0	1	1	0	0
0	0	1	0	1	1	0	1	1	0
1	1	0	1	0	0	1	0	0	1
1	1	0	1	1	0	0	1	0	0

EASY #64

0	1	0	0	1	0	1	0	1	1
0	0	1	0	1	1	0	1	1	0
1	0	0	1	0	0	1	1	0	1
0	1	0	0	1	1	0	0	1	1
1	0	1	1	0	0	1	0	1	0
0	1	0	1	0	0	1	1	0	1
1	0	1	0	1	1	0	1	0	0
1	1	0	1	0	1	0	0	1	0
0	1	1	0	1	0	1	0	0	1
1	0	1	1	0	1	0	1	0	0

EASY #65

0	1	0	0	1	1	0	1	0	1
0	0	1	0	0	1	1	0	1	1
1	0	1	1	0	0	1	1	0	0
0	1	0	0	1	1	0	0	1	1
0	0	1	1	0	0	1	1	0	1
1	0	1	0	1	0	1	0	1	0
1	1	0	1	0	1	0	1	0	0
0	1	0	1	1	0	1	0	0	1
1	0	1	0	1	0	0	1	1	0
1	1	0	1	0	1	0	0	1	0

EASY #66

0	0	1	0	1	0	1	1	0	1
0	0	1	0	1	1	0	1	1	0
1	1	0	1	0	0	1	0	0	1
0	0	1	1	0	1	1	0	0	1
0	1	0	0	1	1	0	1	1	0
1	1	0	1	0	0	1	0	1	0
1	0	1	0	1	0	0	1	0	1
0	0	1	1	0	1	0	0	1	1
1	1	0	0	1	0	1	0	1	0
1	1	0	1	0	1	0	1	0	0

EASY #67

0	0	1	0	1	0	1	0	1	1
1	0	0	1	0	0	1	1	0	1
0	1	1	0	1	1	0	0	1	0
0	0	1	0	0	1	1	0	1	1
1	0	0	1	1	0	0	1	0	1
0	1	1	0	1	1	0	1	0	0
1	1	0	1	0	0	1	0	1	0
0	0	1	1	0	1	0	1	0	1
1	1	0	0	1	1	0	0	1	0
1	1	0	1	0	0	1	1	0	0

EASY #68

0	1	0	1	0	0	1	1	0	1
0	0	1	0	1	0	1	0	1	1
1	0	1	0	0	1	0	1	1	0
0	1	0	1	1	0	1	1	0	0
0	0	1	0	1	1	0	0	1	1
1	0	1	0	0	1	1	0	0	1
1	1	0	1	1	0	0	1	0	0
0	0	1	1	0	0	1	0	1	1
1	1	0	0	1	1	0	0	1	0
1	1	0	1	0	1	0	1	0	0

EASY #69

0	0	1	0	0	1	1	0	1	1
0	1	0	1	1	0	1	1	0	0
1	0	1	1	0	1	0	0	1	0
0	0	1	0	1	0	1	1	0	1
0	1	0	0	1	0	1	0	1	1
1	0	1	1	0	1	0	1	0	0
1	1	0	1	0	1	0	0	1	0
0	0	1	0	1	0	1	0	1	1
1	1	0	0	1	0	0	1	0	1
1	1	0	1	0	1	0	1	0	0

EASY #70

0	0	1	0	0	1	1	0	1	1
0	0	1	0	1	0	1	0	1	1
1	1	0	1	1	0	0	1	0	0
0	0	1	1	0	1	1	0	1	0
0	1	0	0	1	1	0	1	0	1
1	0	1	0	1	0	0	1	0	1
1	1	0	1	0	0	1	0	1	0
0	0	1	0	1	1	0	0	1	1
1	1	0	1	0	0	1	1	0	0
1	1	0	1	0	1	0	1	0	0

EASY #71

0	1	0	1	0	0	1	0	1	1
0	1	1	0	0	1	0	1	0	1
1	0	1	0	1	0	0	1	1	0
0	1	0	1	1	0	1	0	0	1
0	0	1	1	0	1	0	1	0	1
1	0	1	0	0	1	0	1	1	0
1	1	0	0	1	0	1	0	1	0
0	0	1	1	0	1	1	0	0	1
1	1	0	0	1	1	0	1	0	0
1	0	0	1	1	0	1	0	1	0

EASY #72

0	1	0	0	1	0	1	1	0	1
0	0	1	0	0	1	1	0	1	1
1	1	0	1	0	1	0	0	1	0
0	0	1	0	1	0	1	1	0	1
0	0	1	1	0	1	0	1	1	0
1	1	0	1	0	0	1	0	1	0
1	0	1	0	1	0	0	1	0	1
0	0	1	1	0	1	1	0	0	1
1	1	0	0	1	1	0	0	1	0
1	1	0	1	1	0	0	1	0	0

EASY #73

0	0	1	0	0	1	1	0	1	1
0	0	1	0	1	1	0	1	0	1
1	1	0	1	0	0	1	0	1	0
0	0	1	0	1	1	0	1	1	0
0	1	0	1	0	1	0	1	0	1
1	0	1	0	1	0	1	0	1	0
1	1	0	1	1	0	0	1	0	0
0	0	1	1	0	1	0	0	1	1
1	1	0	0	1	0	1	1	0	0
1	1	0	1	0	0	1	0	0	1

EASY #74

0	1	0	1	0	0	1	1	0	1
0	0	1	0	0	1	1	0	1	1
1	0	1	0	1	0	0	1	1	0
0	1	0	1	1	0	0	1	0	1
1	0	0	1	0	1	1	0	1	0
0	0	1	0	1	1	0	1	1	0
1	1	0	0	1	0	1	0	0	1
1	0	1	1	0	1	0	0	1	0
0	1	1	0	1	1	0	1	0	0
1	1	0	1	0	0	1	0	0	1

EASY #75

0	1	0	1	0	0	1	0	1	1
0	1	0	0	1	1	0	1	0	1
1	0	1	0	0	1	1	0	1	0
0	0	1	1	0	0	1	1	0	1
0	1	0	0	1	1	0	1	1	0
1	0	1	0	0	1	0	0	1	1
1	0	0	1	1	0	1	1	0	0
0	1	1	0	1	0	1	0	0	1
1	0	1	1	0	1	0	0	1	0
1	1	0	1	1	0	0	1	0	0

EASY #76

0	0	1	0	0	1	1	0	1	1
1	0	0	1	0	1	0	1	1	0
0	1	0	0	1	0	1	1	0	1
0	0	1	1	0	1	0	0	1	1
1	0	0	1	1	0	1	1	0	0
0	1	1	0	0	1	1	0	0	1
1	1	0	0	1	0	0	1	1	0
1	0	1	1	0	0	1	0	0	1
0	1	1	0	1	1	0	0	1	0
1	1	0	1	1	0	0	1	0	0

EASY #77

0	0	1	1	0	0	1	0	1	1
0	1	0	0	1	0	1	0	1	1
1	1	0	0	1	1	0	1	0	0
0	0	1	1	0	0	1	1	0	1
0	0	1	0	1	1	0	0	1	1
1	1	0	1	0	1	0	0	1	0
1	0	1	0	1	0	1	1	0	0
0	0	1	0	0	1	1	0	1	1
1	1	0	1	0	1	0	1	0	0
1	1	0	1	1	0	0	1	0	0

EASY #78

0	0	1	0	0	1	1	0	1	1
0	0	1	0	1	0	1	1	0	1
1	1	0	1	0	1	0	1	0	0
0	0	1	0	1	0	1	0	1	1
1	1	0	0	1	0	0	1	1	0
0	1	0	1	0	1	1	0	0	1
1	0	1	1	0	1	0	0	1	0
1	1	0	0	1	0	0	1	0	1
0	1	0	1	1	0	1	0	1	0
1	0	1	1	0	1	0	1	0	0

EASY #79

0	0	1	0	1	0	1	0	1	1
0	0	1	1	0	1	0	0	1	1
1	1	0	1	0	1	0	1	0	0
0	0	1	0	1	0	1	1	0	1
0	1	1	0	0	1	1	0	1	0
1	0	0	1	1	0	0	1	0	1
1	1	0	0	1	0	1	1	0	0
0	0	1	0	0	1	1	0	1	1
1	1	0	1	1	0	0	1	0	0
1	1	0	1	0	1	0	0	1	0

EASY #80

0	0	1	0	0	1	1	0	1	1
0	0	1	0	1	1	0	1	1	0
1	1	0	1	0	0	1	0	0	1
0	0	1	0	1	1	0	1	0	1
0	1	0	1	0	1	1	0	1	0
1	0	1	1	0	0	1	0	1	0
1	1	0	0	1	0	0	1	0	1
0	0	1	0	1	1	0	0	1	1
1	1	0	1	0	0	1	1	0	0
1	1	0	1	1	0	0	1	0	0

EASY #81

0	1	0	1	0	1	0	0	1	1
0	0	1	0	1	0	1	1	0	1
1	0	0	1	0	1	1	0	1	0
0	1	1	0	1	1	0	1	0	0
0	0	1	0	1	0	1	0	1	1
1	0	0	1	0	0	1	0	1	1
1	1	0	1	0	1	0	1	0	0
0	1	1	0	1	0	1	1	0	0
1	0	1	0	0	1	0	0	1	1
1	1	0	1	1	0	0	1	0	0

EASY #82

0	0	1	0	0	1	1	0	1	1
1	0	1	0	1	1	0	1	0	0
0	1	0	1	1	0	0	1	0	1
0	1	1	0	0	1	1	0	1	0
1	0	0	1	1	0	0	1	0	1
0	0	1	0	1	0	1	0	1	1
1	1	0	1	0	1	0	0	1	0
0	1	0	0	1	1	0	1	0	1
1	0	1	1	0	0	1	0	1	0
1	1	0	1	0	0	1	1	0	0

EASY #83

0	0	1	0	0	1	1	0	1	1
1	1	0	1	0	0	1	0	0	1
0	0	1	0	1	1	0	1	1	0
0	0	1	0	1	0	1	0	1	1
1	1	0	1	0	0	1	1	0	0
0	0	1	1	0	1	0	0	1	1
1	1	0	0	1	1	0	1	0	0
0	1	0	1	1	0	1	0	1	0
1	0	1	0	0	1	0	1	0	1
1	1	0	1	1	0	0	1	0	0

EASY #84

0	0	1	1	0	0	1	0	1	1
1	0	1	0	0	1	1	0	0	1
0	1	0	0	1	1	0	1	1	0
0	0	1	1	0	0	1	1	0	1
1	0	0	1	1	0	1	0	1	0
0	1	1	0	0	1	0	0	1	1
1	1	0	0	1	1	0	1	0	0
1	0	0	1	1	0	1	0	0	1
0	1	1	0	0	1	0	1	1	0
1	1	0	1	1	0	0	1	0	0

EASY #85

0	0	1	0	0	1	1	0	1	1
0	0	1	0	1	0	1	0	1	1
1	1	0	1	1	0	0	1	0	0
0	0	1	1	0	1	0	1	0	1
1	1	0	0	1	0	1	0	1	0
0	0	1	0	1	1	0	1	1	0
1	1	0	1	0	0	1	0	0	1
1	0	0	1	0	1	1	0	1	0
0	1	1	0	1	0	0	1	0	1
1	1	0	1	0	1	0	1	0	0

EASY #86

0	0	1	0	1	0	1	1	0	1
0	1	0	0	1	0	1	0	1	1
1	0	0	1	0	1	0	1	1	0
0	1	1	0	0	1	0	1	0	1
0	1	0	1	1	0	1	0	1	0
1	0	1	0	0	1	0	0	1	1
1	1	0	1	1	0	0	1	0	0
0	1	0	1	1	0	1	0	0	1
1	0	1	0	0	1	1	0	1	0
1	0	1	1	0	1	0	1	0	0

EASY #87

0	0	1	0	1	1	0	0	1	1
0	0	1	0	1	0	1	1	0	1
1	1	0	1	0	1	0	0	1	0
0	0	1	1	0	0	1	1	0	1
0	1	0	0	1	1	0	1	1	0
1	0	1	0	0	1	1	0	1	0
1	1	0	1	0	0	1	0	0	1
0	1	1	0	1	1	0	1	0	0
1	0	0	1	0	0	1	0	1	1
1	1	0	1	1	0	0	1	0	0

EASY #88

1	0	0	1	0	1	0	1	1	0
0	0	1	0	0	1	1	0	1	1
0	1	0	0	1	0	1	1	0	1
1	0	1	1	0	1	0	0	1	0
0	0	1	0	1	0	1	1	0	1
1	1	0	0	1	0	1	0	1	0
0	1	0	1	0	1	0	1	0	1
1	0	1	1	0	0	1	0	0	1
0	1	1	0	1	1	0	0	1	0
1	1	0	1	1	0	0	1	0	0

EASY #89

0	0	1	0	1	0	1	0	1	1
0	0	1	1	0	0	1	0	1	1
1	1	0	0	1	1	0	1	0	0
0	0	1	0	0	1	1	0	1	1
1	0	0	1	1	0	0	1	1	0
0	1	1	0	1	1	0	1	0	0
1	1	0	1	0	0	1	0	0	1
1	0	0	1	1	0	1	0	1	0
0	1	1	0	0	1	0	1	0	1
1	1	0	1	0	1	0	1	0	0

EASY #90

1	0	0	1	0	1	1	0	0	1
0	0	1	0	1	0	1	0	1	1
0	1	0	0	1	1	0	1	1	0
1	0	0	1	0	0	1	1	0	1
0	1	1	0	1	1	0	0	1	0
0	0	1	1	0	1	0	1	0	1
1	1	0	0	1	0	1	0	1	0
0	1	1	0	1	0	0	1	0	1
1	0	1	1	0	1	0	0	1	0
1	1	0	1	0	0	1	1	0	0

EASY #91

0	1	0	0	1	0	1	1	0	1
0	0	1	0	0	1	1	0	1	1
1	0	0	1	1	0	0	1	1	0
0	1	0	1	0	1	1	0	0	1
0	0	1	0	1	1	0	0	1	1
1	0	1	1	0	0	1	1	0	0
1	1	0	0	1	1	0	1	0	0
0	1	1	0	0	1	0	0	1	1
1	0	1	1	0	0	1	0	1	0
1	1	0	1	1	0	0	1	0	0

EASY #92

0	0	1	0	1	0	1	0	1	1
0	1	0	0	1	0	1	1	0	1
1	0	1	1	0	1	0	0	1	0
1	1	0	0	1	0	1	0	0	1
0	1	0	0	1	1	0	1	1	0
1	0	1	1	0	1	0	1	0	0
1	0	1	1	0	0	1	0	0	1
0	1	0	0	1	1	0	0	1	1
0	0	1	1	0	1	0	1	1	0
1	1	0	1	0	0	1	1	0	0

EASY #93

0	1	0	0	1	0	1	0	1	1
0	0	1	0	1	1	0	1	1	0
1	0	1	1	0	0	1	0	0	1
0	1	0	0	1	0	1	1	0	1
0	0	1	1	0	1	0	1	1	0
1	0	1	1	0	1	0	0	1	0
1	1	0	0	1	0	1	0	0	1
0	0	1	1	0	1	0	1	0	1
1	1	0	1	0	1	0	0	1	0
1	1	0	0	1	0	1	1	0	0

EASY #94

1	0	0	1	0	0	1	1	0	1
0	1	1	0	0	1	0	0	1	1
1	0	0	1	1	0	1	1	0	0
0	0	1	0	0	1	1	0	1	1
0	1	1	0	0	1	0	1	0	1
1	0	0	1	1	0	1	0	1	0
0	1	1	0	1	0	0	1	1	0
0	0	1	1	0	1	1	0	0	1
1	1	0	0	1	1	0	0	1	0
1	1	0	1	1	0	0	1	0	0

EASY #95

0	0	1	0	1	1	0	1	1	0
0	0	1	1	0	0	1	1	0	1
1	1	0	1	0	1	0	0	1	0
0	0	1	0	1	0	1	1	0	1
0	1	0	1	0	1	1	0	1	0
1	0	1	0	0	1	0	0	1	1
1	1	0	1	1	0	0	1	0	0
0	0	1	0	1	0	1	0	1	1
1	1	0	1	0	1	0	1	0	0
1	1	0	0	1	0	1	0	0	1

EASY #96

1	0	0	1	0	0	1	0	1	1
0	0	1	0	1	1	0	1	0	1
1	1	0	0	1	0	0	1	1	0
0	0	1	1	0	1	1	0	0	1
0	0	1	0	1	0	1	0	1	1
1	1	0	1	0	1	0	1	0	0
0	1	1	0	0	1	1	0	1	0
0	0	1	0	1	0	1	1	0	1
1	1	0	1	1	0	0	1	0	0
1	1	0	1	0	1	0	0	1	0

EASY #97

1	0	0	1	0	0	1	1	0	1
0	0	1	0	0	1	1	0	1	1
0	1	1	0	1	0	0	1	1	0
1	0	0	1	0	1	1	0	0	1
0	0	1	0	1	1	0	0	1	1
0	1	1	0	1	0	1	1	0	0
1	1	0	1	0	1	0	0	1	0
1	0	1	0	0	1	0	1	0	1
0	1	0	1	1	0	1	0	1	0
1	1	0	1	1	0	0	1	0	0

EASY #98

0	0	1	0	0	1	1	0	1	1
1	1	0	0	1	0	0	1	0	1
0	0	1	1	0	1	1	0	1	0
0	0	1	0	1	0	1	0	1	1
1	1	0	1	0	1	0	1	0	0
0	1	0	1	0	0	1	0	1	1
1	0	1	0	1	1	0	1	0	0
0	0	1	0	1	1	0	1	1	0
1	1	0	1	0	0	1	0	0	1
1	1	0	1	1	0	0	1	0	0

EASY #99

1	0	0	1	0	0	1	1	0	1
1	0	0	1	1	0	0	1	1	0
0	1	1	0	0	1	0	0	1	1
0	0	1	0	1	0	1	1	0	1
1	0	0	1	0	1	1	0	1	0
0	1	1	0	0	1	0	1	1	0
0	1	0	1	1	0	1	0	0	1
1	0	1	1	0	1	0	0	1	0
0	1	1	0	1	1	0	1	0	0
1	1	0	0	1	0	1	0	0	1

EASY #100

0	0	1	0	1	0	1	0	1	1
0	1	0	0	1	0	1	0	1	1
1	0	1	1	0	1	0	1	0	0
0	0	1	0	0	1	1	0	1	1
0	1	0	1	1	0	0	1	0	1
1	0	1	0	1	1	0	0	1	0
1	1	0	1	0	0	1	1	0	0
0	0	1	0	1	0	1	1	0	1
1	1	0	1	0	1	0	0	1	0
1	1	0	1	0	1	0	1	0	0

EASY #101

0	0	1	0	0	1	1	0	1	1
0	0	1	1	0	0	1	0	1	1
1	1	0	1	1	0	0	1	0	0
0	0	1	0	1	1	0	0	1	1
0	1	0	1	0	0	1	1	0	1
1	0	1	0	1	0	1	0	1	0
1	1	0	0	1	1	0	1	0	0
0	0	1	1	0	0	1	1	0	1
1	1	0	0	1	1	0	0	1	0
1	1	0	1	0	1	0	1	0	0

EASY #102

1	1	0	0	1	0	0	1	1	0
1	1	0	0	1	0	1	0	0	1
0	0	1	1	0	1	0	1	1	0
0	0	1	0	0	1	1	0	1	1
1	1	0	0	1	0	0	1	0	1
0	0	1	1	0	1	1	0	1	0
0	1	0	1	1	0	0	1	0	1
1	0	1	0	1	0	1	0	1	0
0	0	1	1	0	1	1	0	0	1
1	1	0	1	0	1	0	1	0	0

EASY #103

0	0	1	0	0	1	1	0	1	1
0	1	0	1	0	0	1	0	1	1
1	0	1	0	1	1	0	1	0	0
0	1	0	1	1	0	1	1	0	0
1	0	0	1	0	1	0	0	1	1
0	1	1	0	1	0	0	1	1	0
1	0	0	1	0	0	1	1	0	1
1	1	0	0	1	1	0	0	1	0
0	1	1	0	1	1	0	1	0	0
1	0	1	1	0	0	1	0	0	1

EASY #104

0	0	1	0	1	1	0	1	1	0
0	0	1	0	0	1	1	0	1	1
1	1	0	1	0	0	1	0	0	1
1	0	0	1	1	0	0	1	1	0
0	1	1	0	0	1	1	0	0	1
0	1	0	0	1	1	0	0	1	1
1	0	1	1	0	0	1	1	0	0
0	0	1	1	0	0	1	1	0	1
1	1	0	0	1	1	0	0	1	0
1	1	0	1	1	0	0	1	0	0

EASY #105

1	1	0	0	1	0	0	1	1	0
1	0	1	0	0	1	0	1	1	0
0	0	1	1	0	1	1	0	0	1
0	1	0	1	1	0	1	0	1	0
1	0	1	0	0	1	0	1	0	1
1	1	0	0	1	0	1	0	0	1
0	0	1	1	0	1	0	1	1	0
0	0	1	0	1	0	1	1	0	1
1	1	0	1	0	1	0	0	1	0
0	1	0	1	1	0	1	0	0	1

EASY #106

0	1	0	0	1	0	1	0	1	1
0	1	0	0	1	0	1	1	0	1
1	0	1	1	0	1	0	0	1	0
0	0	1	1	0	0	1	0	1	1
0	1	0	0	1	1	0	1	0	1
1	0	1	0	1	0	1	1	0	0
1	1	0	1	0	1	0	0	1	0
0	0	1	1	0	0	1	1	0	1
1	1	0	0	1	1	0	0	1	0
1	0	1	1	0	1	0	1	0	0

EASY #107

0	1	0	0	1	1	0	0	1	1
0	1	0	0	1	0	1	1	0	1
1	0	1	1	0	1	0	1	0	0
0	0	1	0	0	1	1	0	1	1
0	1	0	1	1	0	0	1	0	1
1	0	1	0	0	1	1	0	1	0
1	0	0	1	1	0	0	1	1	0
0	1	1	0	0	1	1	0	0	1
1	0	1	1	0	0	1	0	1	0
1	1	0	1	1	0	0	1	0	0

EASY #108

0	1	0	0	1	1	0	1	0	1
0	0	1	0	0	1	1	0	1	1
1	0	0	1	1	0	0	1	1	0
0	1	0	0	1	0	1	1	0	1
0	0	1	1	0	1	1	0	1	0
1	1	0	1	0	1	0	0	1	0
1	0	1	0	1	0	0	1	0	1
0	1	1	0	1	0	1	0	1	0
1	1	0	1	0	1	0	1	0	0
1	0	1	1	0	0	1	0	0	1

EASY #109

0	0	1	0	0	1	1	0	1	1
0	0	1	1	0	0	1	1	0	1
1	1	0	0	1	0	0	1	1	0
0	0	1	1	0	1	1	0	1	0
1	0	0	1	1	0	0	1	0	1
0	1	1	0	0	1	0	0	1	1
1	1	0	0	1	0	1	1	0	0
1	0	1	1	0	1	0	0	1	0
0	1	0	1	1	0	1	0	0	1
1	1	0	0	1	1	0	1	0	0

EASY #110

0	0	1	0	0	1	1	0	1	1
0	1	1	0	0	1	0	1	0	1
1	0	0	1	1	0	0	1	1	0
0	1	1	0	1	0	1	0	0	1
0	0	1	1	0	1	0	1	1	0
1	0	0	1	0	1	1	0	0	1
1	1	0	0	1	0	1	1	0	0
0	0	1	1	0	1	0	0	1	1
1	1	0	1	1	0	0	1	0	0
1	1	0	0	1	0	1	0	1	0

EASY #111

1	0	0	1	1	0	0	1	0	1
0	0	1	0	0	1	1	0	1	1
0	1	1	0	0	1	0	1	1	0
1	0	0	1	1	0	1	0	0	1
0	1	0	1	0	1	0	1	1	0
0	0	1	0	1	0	1	0	1	1
1	1	0	1	0	1	0	1	0	0
0	1	1	0	0	1	1	0	0	1
1	0	1	0	1	0	1	0	1	0
1	1	0	1	1	0	0	1	0	0

EASY #112

0	0	1	0	0	1	1	0	1	1
0	0	1	0	1	0	1	0	1	1
1	1	0	1	1	0	0	1	0	0
0	0	1	1	0	1	0	0	1	1
0	1	0	0	1	0	1	1	0	1
1	0	1	0	1	1	0	1	0	0
1	1	0	1	0	0	1	0	1	0
0	0	1	0	1	1	0	1	0	1
1	1	0	1	0	1	0	0	1	0
1	1	0	1	0	0	1	1	0	0

EASY #113

0	0	1	0	0	1	1	0	1	1
0	1	0	0	1	0	1	0	1	1
1	0	1	1	0	1	0	1	0	0
0	1	0	0	1	1	0	1	0	1
0	0	1	1	0	0	1	0	1	1
1	0	0	1	1	0	0	1	1	0
1	1	0	0	1	1	0	1	0	0
0	1	1	0	0	1	1	0	0	1
1	0	1	1	0	0	1	0	1	0
1	1	0	1	1	0	0	1	0	0

EASY #114

0	0	1	0	1	1	0	1	0	1
1	0	0	1	1	0	0	1	1	0
1	1	0	1	0	0	1	0	0	1
0	0	1	0	0	1	1	0	1	1
1	0	1	0	1	0	0	1	1	0
0	1	0	1	0	1	1	0	0	1
0	1	1	0	0	1	0	1	1	0
1	0	0	1	1	0	1	0	0	1
0	1	1	0	0	1	1	0	1	0
1	1	0	1	1	0	0	1	0	0

EASY #115

1	0	1	0	0	1	1	0	0	1
0	0	1	0	1	0	1	1	0	1
0	1	0	1	0	1	0	1	1	0
1	0	0	1	0	0	1	0	1	1
0	1	1	0	1	1	0	1	0	0
0	1	0	0	1	0	1	0	1	1
1	0	1	1	0	1	0	0	1	0
0	0	1	0	1	1	0	1	0	1
1	1	0	1	0	0	1	0	1	0
1	1	0	1	1	0	0	1	0	0

EASY #116

0	0	1	0	1	1	0	1	1	0
0	1	0	0	1	0	1	0	1	1
1	0	0	1	0	1	0	1	0	1
0	1	1	0	0	1	1	0	1	0
0	1	0	1	1	0	1	0	0	1
1	0	1	0	0	1	0	1	0	1
1	0	1	1	0	0	1	0	1	0
0	1	0	0	1	0	1	1	0	1
1	0	1	1	0	1	0	0	1	0
1	1	0	1	1	0	0	1	0	0

EASY #117

1	0	0	1	0	0	1	0	1	1
1	1	0	0	1	1	0	1	0	0
0	0	1	0	0	1	1	0	1	1
1	0	0	1	0	0	1	1	0	1
0	1	1	0	1	1	0	0	1	0
0	1	1	0	0	1	1	0	0	1
1	0	0	1	1	0	0	1	1	0
0	1	1	0	1	0	0	1	0	1
0	0	1	1	0	1	1	0	1	0
1	1	0	1	1	0	0	1	0	0

EASY #118

0	0	1	0	1	0	1	0	1	1
0	1	0	1	0	1	0	0	1	1
1	0	1	0	1	0	1	1	0	0
0	0	1	0	0	1	1	0	1	1
0	1	0	1	1	0	0	1	0	1
1	0	1	0	0	1	1	0	1	0
1	1	0	1	1	0	0	1	0	0
0	0	1	1	0	1	0	1	0	1
1	1	0	0	1	0	1	0	1	0
1	1	0	1	0	1	0	1	0	0

EASY #119

1	0	1	0	0	1	0	0	1	1
1	0	0	1	0	0	1	1	0	1
0	1	0	0	1	1	0	1	1	0
0	0	1	0	0	1	1	0	1	1
1	1	0	1	1	0	0	1	0	0
1	0	0	1	1	0	1	0	0	1
0	1	1	0	0	1	1	0	1	0
0	1	0	1	1	0	0	1	0	1
1	0	1	1	0	0	1	0	1	0
0	1	1	0	1	1	0	1	0	0

EASY #120

0	0	1	0	0	1	1	0	1	1
1	0	1	0	0	1	0	1	0	1
0	1	0	1	1	0	1	0	1	0
0	0	1	0	1	0	1	0	1	1
1	0	1	1	0	1	0	1	0	0
0	1	0	1	0	0	1	0	1	1
1	1	0	0	1	1	0	1	0	0
0	0	1	0	1	0	1	1	0	1
1	1	0	1	0	1	0	0	1	0
1	1	0	1	1	0	0	1	0	0

MEDIUM #1

0	0	1	0	0	1	1	0	1	1
1	1	0	0	1	1	0	0	1	0
0	0	1	1	0	0	1	1	0	1
0	1	0	0	1	1	0	0	1	1
1	0	1	1	0	0	1	1	0	0
0	0	1	0	1	1	0	1	0	1
1	1	0	1	0	0	1	0	1	0
0	0	1	0	1	0	1	1	0	1
1	1	0	1	0	1	0	0	1	0
1	1	0	1	1	0	0	1	0	0

MEDIUM #2

0	0	1	0	0	1	1	0	1	1
0	0	1	0	1	0	1	0	1	1
1	1	0	1	0	1	0	1	0	0
1	0	0	1	1	0	0	1	0	1
0	1	1	0	1	0	1	0	1	0
0	0	1	1	0	1	0	1	1	0
1	1	0	0	1	0	1	0	0	1
1	0	0	1	0	1	0	1	1	0
0	1	1	0	1	1	0	1	0	0
1	1	0	1	0	0	1	0	0	1

MEDIUM #3

0	0	1	0	1	0	1	1	0	1
0	0	1	1	0	1	0	0	1	1
1	1	0	0	1	1	0	1	0	0
0	0	1	0	1	0	1	0	1	1
0	1	0	1	0	1	0	1	1	0
1	0	1	0	1	0	1	1	0	0
1	1	0	1	0	0	1	0	0	1
0	1	0	0	1	1	0	1	1	0
1	0	1	1	0	0	1	0	0	1
1	1	0	1	0	1	0	0	1	0

MEDIUM #4

1	0	0	1	0	0	1	0	1	1
0	0	1	0	0	1	1	0	1	1
1	1	0	0	1	1	0	1	0	0
0	0	1	1	0	0	1	1	0	1
0	0	1	0	1	1	0	0	1	1
1	1	0	0	1	1	0	0	1	0
1	1	0	1	0	0	1	1	0	0
0	0	1	1	0	0	1	0	1	1
0	1	1	0	1	1	0	1	0	0
1	1	0	1	1	0	0	1	0	0

MEDIUM #5

0	0	1	1	0	0	1	1	0	1
0	1	0	0	1	0	1	0	1	1
1	0	1	0	1	1	0	1	0	0
0	0	1	1	0	1	1	0	1	0
0	1	0	0	1	0	1	1	0	1
1	0	1	0	0	1	0	0	1	1
1	1	0	1	0	1	0	1	0	0
0	0	1	0	1	0	1	0	1	1
1	1	0	1	1	0	0	1	0	0
1	1	0	1	0	1	0	0	1	0

MEDIUM #6

0	0	1	0	1	0	1	0	1	1
0	0	1	0	1	0	1	1	0	1
1	1	0	1	0	1	0	0	1	0
0	0	1	0	1	1	0	0	1	1
1	1	0	0	1	0	1	1	0	0
0	0	1	1	0	1	0	1	1	0
1	1	0	1	0	0	1	0	0	1
1	0	1	0	1	1	0	0	1	0
0	1	0	1	0	0	1	1	0	1
1	1	0	1	0	1	0	1	0	0

MEDIUM #7

1	0	1	0	0	1	0	1	0	1
0	1	0	0	1	0	1	1	0	1
0	0	1	1	0	1	1	0	1	0
1	0	0	1	0	1	0	0	1	1
0	1	1	0	1	0	1	1	0	0
1	0	0	1	1	0	0	1	1	0
0	1	1	0	0	1	1	0	0	1
0	0	1	0	1	0	1	0	1	1
1	1	0	1	1	0	0	1	0	0
1	1	0	1	0	1	0	0	1	0

MEDIUM #8

0	1	0	1	0	0	1	0	1	1
0	0	1	0	1	1	0	1	0	1
1	0	0	1	1	0	0	1	1	0
0	1	0	1	0	1	1	0	1	0
0	0	1	0	1	0	1	1	0	1
1	0	1	0	0	1	0	0	1	1
1	1	0	1	0	0	1	1	0	0
0	1	1	0	1	1	0	0	1	0
1	0	1	0	0	1	1	0	0	1
1	1	0	1	1	0	0	1	0	0

MEDIUM #9

0	0	1	0	0	1	1	0	1	1
0	1	1	0	0	1	0	0	1	1
1	0	0	1	1	0	1	1	0	0
0	0	1	0	1	0	1	1	0	1
0	1	0	1	0	1	0	0	1	1
1	0	1	0	1	0	1	1	0	0
1	1	0	1	0	1	0	0	1	0
0	0	1	0	1	0	1	0	1	1
1	1	0	1	0	1	0	1	0	0
1	1	0	1	1	0	0	1	0	0

MEDIUM #10

0	1	0	0	1	0	1	0	1	1
0	0	1	0	1	1	0	0	1	1
1	0	1	1	0	0	1	1	0	0
0	1	0	1	0	0	1	0	1	1
0	0	1	0	1	1	0	1	0	1
1	0	1	0	1	0	1	1	0	0
1	1	0	1	0	1	0	0	1	0
0	0	1	0	0	1	1	0	1	1
1	1	0	1	1	0	0	1	0	0
1	1	0	1	0	1	0	1	0	0

MEDIUM #11

0	1	0	0	1	0	1	1	0	1
0	0	1	0	0	1	1	0	1	1
1	0	0	1	1	0	0	1	1	0
0	1	1	0	1	0	0	1	0	1
0	0	1	1	0	1	1	0	0	1
1	1	0	0	1	0	1	0	1	0
1	0	1	1	0	1	0	1	0	0
0	0	1	0	1	1	0	0	1	1
1	1	0	1	0	0	1	1	0	0
1	1	0	1	0	1	0	0	1	0

MEDIUM #12

0	0	1	0	1	0	1	0	1	1
0	0	1	1	0	0	1	1	0	1
1	1	0	0	1	1	0	0	1	0
0	1	0	1	1	0	0	1	0	1
0	0	1	0	0	1	1	0	1	1
1	0	1	0	0	1	1	0	1	0
1	1	0	1	1	0	0	1	0	0
0	0	1	0	1	1	0	1	0	1
1	1	0	1	0	0	1	0	1	0
1	1	0	1	0	1	0	1	0	0

MEDIUM #13

1	1	0	0	1	0	0	1	0	1
1	0	0	1	1	0	1	0	1	0
0	0	1	0	0	1	1	0	1	1
0	1	0	0	1	1	0	1	0	1
1	0	1	1	0	0	1	0	1	0
0	0	1	0	1	0	1	1	0	1
0	1	0	1	0	1	0	1	1	0
1	0	1	1	0	0	1	0	0	1
0	1	1	0	1	1	0	0	1	0
1	1	0	1	0	1	0	1	0	0

MEDIUM #14

0	0	1	0	1	1	0	1	1	0
0	0	1	0	0	1	1	0	1	1
1	1	0	1	1	0	0	1	0	0
0	0	1	1	0	0	1	0	1	1
0	1	0	0	1	1	0	1	0	1
1	0	1	0	1	0	1	0	1	0
1	1	0	1	0	0	1	1	0	0
0	0	1	0	1	1	0	1	0	1
1	1	0	1	0	1	0	0	1	0
1	1	0	1	0	0	1	0	0	1

MEDIUM #15

1	1	0	0	1	0	0	1	0	1
0	1	0	0	1	1	0	1	1	0
0	0	1	1	0	1	1	0	1	0
1	0	1	0	1	0	1	0	0	1
1	1	0	0	1	0	0	1	1	0
0	0	1	1	0	1	0	0	1	1
0	0	1	1	0	1	1	0	0	1
1	1	0	0	1	0	1	1	0	0
0	0	1	1	0	1	0	1	1	0
1	1	0	1	0	0	1	0	0	1

MEDIUM #16

0	0	1	0	0	1	1	0	1	1
0	1	0	1	0	0	1	0	1	1
1	0	1	0	1	1	0	1	0	0
0	0	1	0	1	1	0	0	1	1
0	1	0	1	0	0	1	1	0	1
1	0	1	1	0	1	0	0	1	0
1	1	0	0	1	0	1	1	0	0
0	0	1	0	1	0	1	0	1	1
1	1	0	1	0	1	0	1	0	0
1	1	0	1	1	0	0	1	0	0

MEDIUM #17

1	1	0	0	1	0	0	1	1	0
0	0	1	0	0	1	1	0	1	1
0	0	1	1	0	0	1	1	0	1
1	1	0	0	1	1	0	1	0	0
0	0	1	1	0	0	1	0	1	1
0	0	1	0	1	1	0	0	1	1
1	1	0	1	0	0	1	1	0	0
0	1	0	1	0	1	1	0	0	1
1	0	1	0	1	1	0	0	1	0
1	1	0	1	1	0	0	1	0	0

MEDIUM #18

1	0	0	1	0	0	1	0	1	1
0	1	1	0	1	1	0	1	0	0
0	0	1	0	0	1	1	0	1	1
1	0	0	1	0	0	1	1	0	1
0	1	1	0	1	1	0	0	1	0
1	0	0	1	1	0	0	1	0	1
0	1	1	0	0	1	1	0	1	0
0	0	1	1	0	0	1	0	1	1
1	1	0	0	1	1	0	1	0	0
1	1	0	1	1	0	0	1	0	0

MEDIUM #19

1	1	0	0	1	0	0	1	1	0
0	0	1	1	0	1	1	0	0	1
0	0	1	1	0	1	1	0	1	0
1	1	0	0	1	0	0	1	0	1
0	0	1	0	1	0	1	0	1	1
0	0	1	1	0	1	0	1	1	0
1	1	0	1	1	0	0	1	0	0
0	1	0	0	1	0	1	0	1	1
1	0	1	0	0	1	1	0	0	1
1	1	0	1	0	1	0	1	0	0

MEDIUM #20

0	0	1	0	0	1	1	0	1	1
0	0	1	0	1	0	1	1	0	1
1	1	0	1	0	1	0	0	1	0
0	0	1	0	1	0	1	0	1	1
1	1	0	0	1	0	0	1	0	1
0	0	1	1	0	1	1	0	1	0
1	1	0	1	0	1	0	1	0	0
0	1	0	0	1	0	1	0	1	1
1	0	1	1	0	1	0	1	0	0
1	1	0	1	1	0	0	1	0	0

MEDIUM #21

1	0	0	1	0	1	1	0	0	1
0	1	1	0	0	1	0	1	1	0
0	0	1	0	1	0	1	1	0	1
1	0	0	1	0	1	0	0	1	1
0	1	1	0	1	0	0	1	1	0
0	1	0	1	1	0	1	1	0	0
1	0	1	0	0	1	1	0	0	1
0	0	1	0	1	1	0	0	1	1
1	1	0	1	1	0	0	1	0	0
1	1	0	1	0	0	1	0	1	0

MEDIUM #22

0	0	1	0	1	1	0	0	1	1
0	1	0	0	1	1	0	1	1	0
1	0	0	1	0	0	1	1	0	1
0	0	1	0	1	0	1	0	1	1
0	1	0	1	0	1	0	1	1	0
1	0	1	0	0	1	1	0	0	1
1	1	0	1	1	0	0	1	0	0
0	1	1	0	1	1	0	0	1	0
1	0	1	1	0	0	1	0	0	1
1	1	0	1	0	0	1	1	0	0

MEDIUM #23

1	0	0	1	0	1	1	0	1	0
1	0	0	1	1	0	1	0	0	1
0	1	1	0	0	1	0	1	1	0
0	0	1	0	0	1	1	0	1	1
1	0	0	1	1	0	0	1	0	1
0	1	1	0	1	0	1	0	1	0
0	1	0	1	0	1	0	1	0	1
1	0	1	0	0	1	0	0	1	1
0	1	1	0	1	0	1	1	0	0
1	1	0	1	1	0	0	1	0	0

MEDIUM #24

0	0	1	0	1	0	1	1	0	1
0	0	1	0	0	1	1	0	1	1
1	1	0	1	1	0	0	1	0	0
0	0	1	0	1	0	1	0	1	1
0	1	0	1	0	1	0	1	0	1
1	0	1	0	1	0	1	0	1	0
1	1	0	1	0	1	0	0	1	0
0	0	1	1	0	1	0	1	0	1
1	1	0	0	1	0	1	0	1	0
1	1	0	1	0	1	0	1	0	0

MEDIUM #25

0	0	1	1	0	0	1	0	1	1
0	0	1	0	1	0	1	1	0	1
1	1	0	0	1	1	0	1	0	0
0	0	1	1	0	1	1	0	1	0
0	1	0	0	1	0	1	0	1	1
1	0	1	1	0	1	0	1	0	0
1	1	0	0	1	0	0	1	0	1
0	0	1	0	0	1	1	0	1	1
1	1	0	1	1	0	0	1	0	0
1	1	0	1	0	1	0	0	1	0

MEDIUM #26

0	1	0	0	1	0	1	0	1	1
1	0	1	0	0	1	0	1	0	1
0	0	1	1	0	1	1	0	1	0
0	1	0	0	1	0	1	1	0	1
1	0	1	0	1	1	0	0	1	0
0	0	1	1	0	0	1	1	0	1
1	1	0	1	0	1	0	0	1	0
1	1	0	0	1	0	0	1	1	0
0	0	1	1	0	1	1	0	0	1
1	1	0	1	1	0	0	1	0	0

MEDIUM #27

0	1	1	0	0	1	0	0	1	1
1	0	1	0	0	1	0	1	1	0
0	1	0	1	1	0	1	0	0	1
0	1	1	0	0	1	0	1	0	1
1	0	0	1	1	0	1	0	1	0
0	0	1	0	1	0	1	0	1	1
1	1	0	1	0	1	0	1	0	0
0	0	1	0	0	1	1	0	1	1
1	0	0	1	1	0	1	1	0	0
1	1	0	1	1	0	0	1	0	0

MEDIUM #28

0	1	0	0	1	0	1	0	1	1
0	0	1	0	1	0	1	1	0	1
1	0	1	1	0	1	0	0	1	0
0	1	0	0	1	0	1	1	0	1
1	0	1	0	0	1	1	0	1	0
0	0	1	1	0	1	0	1	0	1
1	1	0	1	1	0	0	1	0	0
0	0	1	0	1	0	1	0	1	1
1	1	0	1	0	1	0	0	1	0
1	1	0	1	0	1	0	1	0	0

MEDIUM #29

0	1	0	1	1	0	0	1	1	0
0	0	1	0	0	1	1	0	1	1
1	0	1	1	0	0	1	1	0	0
0	1	0	1	1	0	0	1	0	1
0	0	1	0	1	1	0	0	1	1
1	0	1	0	0	1	1	0	1	0
1	1	0	1	0	0	1	1	0	0
0	0	1	0	1	1	0	1	0	1
1	1	0	0	1	1	0	0	1	0
1	1	0	1	0	0	1	0	0	1

MEDIUM #30

1	0	0	1	1	0	0	1	1	0
0	0	1	0	1	1	0	0	1	1
0	1	0	1	0	0	1	1	0	1
1	0	0	1	0	1	1	0	1	0
0	1	1	0	1	0	0	1	0	1
0	0	1	0	0	1	1	0	1	1
1	1	0	1	0	1	0	1	0	0
0	1	1	0	1	0	1	0	0	1
1	0	1	0	0	1	1	0	1	0
1	1	0	1	1	0	0	1	0	0

MEDIUM #31

0	0	1	1	0	0	1	0	1	1
0	0	1	0	1	1	0	1	0	1
1	1	0	0	1	1	0	0	1	0
0	0	1	1	0	0	1	1	0	1
0	1	0	0	1	1	0	1	1	0
1	0	1	0	0	1	1	0	0	1
1	1	0	1	0	0	1	0	1	0
0	0	1	0	1	1	0	1	1	0
1	1	0	1	0	0	1	0	0	1
1	1	0	1	1	0	0	1	0	0

MEDIUM #32

1	0	0	1	0	1	0	0	1	1
1	0	1	0	1	0	1	0	1	0
0	1	0	1	0	0	1	1	0	1
0	0	1	0	1	1	0	1	0	1
1	1	0	0	1	0	1	0	1	0
0	0	1	1	0	1	0	1	1	0
0	1	1	0	0	1	0	1	0	1
1	1	0	0	1	0	1	0	0	1
0	0	1	1	0	1	1	0	1	0
1	1	0	1	1	0	0	1	0	0

MEDIUM #33

1	0	0	1	0	0	1	0	1	1
0	1	1	0	0	1	1	0	0	1
0	0	1	0	1	1	0	1	1	0
1	0	0	1	1	0	1	0	1	0
0	1	1	0	0	1	0	1	0	1
0	1	0	0	1	0	1	0	1	1
1	0	1	1	0	1	0	1	0	0
0	0	1	1	0	0	1	0	1	1
1	1	0	0	1	1	0	1	0	0
1	1	0	1	1	0	0	1	0	0

MEDIUM #34

0	0	1	0	1	0	1	0	1	1
0	0	1	0	1	1	0	1	1	0
1	1	0	1	0	1	0	1	0	0
0	1	0	0	1	0	1	0	1	1
0	0	1	1	0	1	0	1	0	1
1	0	1	0	0	1	1	0	1	0
1	1	0	1	1	0	0	1	0	0
0	0	1	0	1	0	1	1	0	1
1	1	0	1	0	1	0	0	1	0
1	1	0	1	0	0	1	0	0	1

MEDIUM #35

1	1	0	0	1	1	0	1	0	0
0	0	1	0	1	0	1	1	0	1
0	0	1	1	0	0	1	0	1	1
1	1	0	0	1	1	0	0	1	0
0	0	1	1	0	0	1	1	0	1
0	0	1	1	0	1	1	0	1	0
1	1	0	0	1	0	0	1	1	0
0	1	0	1	0	1	1	0	0	1
1	0	1	1	0	1	0	0	1	0
1	1	0	0	1	0	0	1	0	1

MEDIUM #36

0	0	1	1	0	0	1	1	0	1
0	0	1	0	1	1	0	1	0	1
1	1	0	0	1	0	1	0	1	0
0	0	1	1	0	1	0	1	1	0
1	0	0	1	1	0	0	1	0	1
0	1	1	0	0	1	1	0	1	0
1	1	0	0	1	1	0	0	1	0
1	0	0	1	0	0	1	1	0	1
0	1	1	0	1	1	0	0	1	0
1	1	0	1	0	0	1	0	0	1

MEDIUM #37

1	0	0	1	0	0	1	1	0	1
0	1	0	0	1	0	1	0	1	1
0	0	1	1	0	1	0	1	1	0
1	0	0	1	0	1	0	1	0	1
0	1	1	0	1	0	1	0	0	1
1	1	0	1	0	0	1	0	1	0
0	0	1	0	1	1	0	1	1	0
1	0	1	0	0	1	1	0	0	1
1	1	0	1	1	0	0	1	0	0
0	1	1	0	1	1	0	0	1	0

MEDIUM #38

0	1	0	0	1	0	1	0	1	1
0	1	0	1	0	0	1	1	0	1
1	0	1	0	1	1	0	1	0	0
0	0	1	0	0	1	1	0	1	1
0	1	0	1	1	0	0	1	0	1
1	0	0	1	0	1	1	0	1	0
1	0	1	0	1	0	0	1	1	0
0	1	1	0	1	0	1	0	0	1
1	1	0	1	0	1	0	0	1	0
1	0	1	1	0	1	0	1	0	0

MEDIUM #39

1	0	0	1	0	0	1	1	0	1
0	0	1	0	0	1	1	0	1	1
0	1	1	0	1	1	0	0	1	0
1	0	0	1	1	0	1	1	0	0
0	0	1	1	0	0	1	0	1	1
0	1	1	0	1	1	0	1	0	0
1	1	0	1	0	1	0	0	1	0
0	0	1	1	0	0	1	1	0	1
1	1	0	0	1	0	0	1	0	1
1	1	0	0	1	1	0	0	1	0

MEDIUM #40

0	0	1	0	0	1	1	0	1	1
1	0	0	1	1	0	0	1	0	1
0	1	0	0	1	1	0	1	1	0
0	0	1	1	0	1	1	0	0	1
1	0	1	0	1	0	0	1	1	0
1	1	0	1	0	0	1	1	0	0
0	1	1	0	0	1	1	0	0	1
0	0	1	0	1	1	0	0	1	1
1	1	0	1	1	0	0	1	0	0
1	1	0	1	0	0	1	0	1	0

MEDIUM #41

0	1	0	1	0	1	1	0	0	1
0	1	0	0	1	0	1	0	1	1
1	0	1	0	0	1	0	1	1	0
0	0	1	1	0	0	1	1	0	1
1	1	0	0	1	1	0	0	1	0
0	0	1	0	1	1	0	0	1	1
1	0	1	1	0	0	1	1	0	0
1	1	0	1	0	0	1	0	0	1
0	0	1	0	1	1	0	1	1	0
1	1	0	1	1	0	0	1	0	0

MEDIUM #42

0	0	1	0	0	1	1	0	1	1
1	0	0	1	0	0	1	0	1	1
0	1	1	0	1	1	0	1	0	0
0	1	0	1	0	1	0	1	0	1
1	0	1	0	1	0	1	0	1	0
0	0	1	0	1	1	0	0	1	1
1	1	0	1	0	0	1	1	0	0
0	0	1	0	1	1	0	1	0	1
1	1	0	1	0	0	1	0	1	0
1	1	0	1	1	0	0	1	0	0

MEDIUM #43

1	0	0	1	1	0	0	1	1	0
0	0	1	0	0	1	1	0	1	1
0	1	0	0	1	0	1	1	0	1
1	0	1	1	0	1	0	0	1	0
0	1	1	0	1	0	0	1	0	1
0	1	0	1	0	1	1	0	1	0
1	0	1	0	0	1	1	0	0	1
0	1	1	0	1	0	0	1	1	0
1	1	0	1	0	1	0	1	0	0
1	0	0	1	1	0	1	0	0	1

MEDIUM #44

0	0	1	0	0	1	1	0	1	1
0	1	0	0	1	1	0	1	0	1
1	0	1	1	0	0	1	0	1	0
0	0	1	0	1	1	0	0	1	1
1	1	0	0	1	0	1	1	0	0
0	0	1	1	0	0	1	0	1	1
1	1	0	1	0	1	0	1	0	0
0	0	1	0	1	0	1	1	0	1
1	1	0	1	0	1	0	0	1	0
1	1	0	1	1	0	0	1	0	0

MEDIUM #45

0	1	0	0	1	0	1	0	1	1
0	1	0	0	1	0	1	1	0	1
1	0	1	1	0	1	0	1	0	0
0	0	1	1	0	1	0	0	1	1
1	1	0	0	1	0	1	1	0	0
0	0	1	0	0	1	1	0	1	1
1	0	0	1	1	0	0	1	1	0
1	1	0	1	0	1	0	1	0	0
0	1	1	0	1	0	1	0	0	1
1	0	1	1	0	1	0	0	1	0

MEDIUM #46

0	1	1	0	0	1	0	0	1	1
0	0	1	0	1	0	1	1	0	1
1	0	0	1	0	1	0	1	1	0
0	1	1	0	1	0	1	0	0	1
0	0	1	1	0	1	1	0	1	0
1	0	0	1	1	0	0	1	0	1
1	1	0	0	1	0	1	0	1	0
0	0	1	0	0	1	1	0	1	1
1	1	0	1	0	1	0	1	0	0
1	1	0	1	1	0	0	1	0	0

MEDIUM #47

0	0	1	0	1	0	1	0	1	1
0	0	1	0	0	1	1	0	1	1
1	1	0	1	1	0	0	1	0	0
0	0	1	0	1	1	0	1	1	0
0	1	0	1	0	0	1	0	1	1
1	0	1	1	0	1	0	1	0	0
1	1	0	0	1	0	1	1	0	0
0	0	1	0	1	1	0	0	1	1
1	1	0	1	0	1	0	1	0	0
1	1	0	1	0	0	1	0	0	1

MEDIUM #48

0	0	1	0	0	1	1	0	1	1
0	0	1	0	1	0	1	0	1	1
1	1	0	1	0	1	0	1	0	0
1	0	0	1	0	0	1	0	1	1
0	1	1	0	1	0	1	1	0	0
0	0	1	0	1	1	0	1	0	1
1	1	0	1	0	1	0	0	1	0
0	1	0	1	1	0	1	0	0	1
1	0	1	0	0	1	0	1	1	0
1	1	0	1	1	0	0	1	0	0

MEDIUM #49

0	0	1	0	0	1	1	0	1	1
1	1	0	0	1	0	0	1	1	0
0	0	1	1	0	0	1	1	0	1
0	0	1	0	1	1	0	0	1	1
1	1	0	1	0	1	0	1	0	0
1	0	0	1	1	0	1	0	0	1
0	1	1	0	0	1	1	0	1	0
0	0	1	0	1	1	0	1	0	1
1	1	0	1	0	0	1	0	1	0
1	1	0	1	1	0	0	1	0	0

MEDIUM #50

1	0	0	1	0	0	1	1	0	1
0	1	1	0	1	0	0	1	1	0
0	0	1	0	0	1	1	0	1	1
1	0	0	1	1	0	0	1	0	1
0	1	1	0	1	0	1	0	1	0
0	0	1	1	0	1	1	0	0	1
1	1	0	0	1	1	0	1	0	0
0	0	1	0	1	0	1	0	1	1
1	1	0	1	0	1	0	0	1	0
1	1	0	1	0	1	0	1	0	0

MEDIUM #51

0	0	1	0	1	1	0	0	1	1
1	1	0	0	1	0	0	1	1	0
0	0	1	1	0	1	1	0	0	1
0	0	1	0	0	1	1	0	1	1
1	1	0	1	1	0	0	1	0	0
1	0	0	1	0	0	1	1	0	1
0	1	1	0	1	1	0	0	1	0
0	1	0	0	1	1	0	1	1	0
1	0	1	1	0	0	1	0	0	1
1	1	0	1	0	0	1	1	0	0

MEDIUM #52

0	1	0	0	1	0	1	1	0	1
1	0	0	1	0	1	0	1	1	0
0	0	1	0	0	1	1	0	1	1
1	1	0	1	1	0	0	1	0	0
0	1	1	0	1	0	0	1	0	1
0	0	1	1	0	1	1	0	1	0
1	0	0	1	1	0	1	0	0	1
0	1	1	0	0	1	0	1	0	1
1	0	1	0	1	1	0	0	1	0
1	1	0	1	0	0	1	0	1	0

MEDIUM #53

0	0	1	0	0	1	1	0	1	1
1	1	0	0	1	0	0	1	0	1
0	1	0	1	0	1	1	0	1	0
0	0	1	0	1	0	1	0	1	1
1	0	1	0	0	1	0	1	0	1
0	1	0	1	1	0	1	0	1	0
1	0	1	1	0	1	0	1	0	0
0	0	1	0	1	0	1	1	0	1
1	1	0	1	0	1	0	0	1	0
1	1	0	1	1	0	0	1	0	0

MEDIUM #54

0	0	1	0	0	1	1	0	1	1
0	0	1	1	0	1	0	1	1	0
1	1	0	0	1	0	0	1	0	1
0	0	1	0	1	0	1	0	1	1
0	1	0	1	0	1	0	1	1	0
1	0	1	0	1	0	1	0	0	1
1	1	0	1	1	0	0	1	0	0
0	0	1	1	0	1	1	0	1	0
1	1	0	0	1	0	1	0	0	1
1	1	0	1	0	1	0	1	0	0

MEDIUM #55

1	0	0	1	0	0	1	0	1	1
1	0	1	0	1	0	0	1	0	1
0	1	0	1	0	1	1	0	1	0
1	0	1	1	0	0	1	0	0	1
0	0	1	0	1	1	0	1	1	0
0	1	0	0	1	1	0	0	1	1
1	1	0	1	0	0	1	1	0	0
0	0	1	0	0	1	1	0	1	1
0	1	1	0	1	1	0	1	0	0
1	1	0	1	1	0	0	1	0	0

MEDIUM #56

0	1	0	0	1	1	0	1	1	0
0	0	1	1	0	1	1	0	1	0
1	0	1	0	1	0	0	1	0	1
0	1	0	1	0	0	1	0	1	1
0	0	1	1	0	1	0	1	1	0
1	0	1	0	1	1	0	1	0	0
1	1	0	1	0	0	1	0	0	1
0	0	1	0	0	1	1	0	1	1
1	1	0	1	1	0	0	1	0	0
1	1	0	0	1	0	1	0	0	1

MEDIUM #57

0	0	1	0	0	1	1	0	1	1
0	1	0	1	1	0	1	1	0	0
1	0	0	1	0	1	0	0	1	1
0	0	1	0	1	0	1	1	0	1
0	1	1	0	0	1	0	1	1	0
1	0	0	1	0	0	1	0	1	1
1	1	0	0	1	1	0	1	0	0
0	1	1	0	1	0	1	0	0	1
1	0	1	1	0	1	0	0	1	0
1	1	0	1	1	0	0	1	0	0

MEDIUM #58

1	0	1	0	1	0	1	0	0	1
0	0	1	0	0	1	1	0	1	1
0	1	0	1	1	0	0	1	1	0
1	0	0	1	0	0	1	1	0	1
0	0	1	0	1	1	0	0	1	1
0	1	1	0	0	1	1	0	1	0
1	1	0	1	1	0	0	1	0	0
0	0	1	0	1	0	1	1	0	1
1	1	0	1	0	1	0	0	1	0
1	1	0	1	0	1	0	1	0	0

MEDIUM #59

1	1	0	0	1	0	1	0	1	0
1	0	0	1	0	0	1	1	0	1
0	0	1	0	1	1	0	1	1	0
0	1	0	0	1	0	1	0	1	1
1	0	1	1	0	1	0	1	0	0
0	0	1	0	1	1	0	0	1	1
1	1	0	1	0	0	1	0	0	1
0	1	1	0	1	0	1	1	0	0
0	0	1	1	0	1	0	0	1	1
1	1	0	1	0	1	0	1	0	0

MEDIUM #60

0	0	1	0	0	1	1	0	1	1
0	0	1	1	0	1	0	1	0	1
1	1	0	0	1	0	1	0	1	0
1	0	0	1	0	0	1	0	1	1
0	0	1	0	1	1	0	1	0	1
0	1	1	0	1	0	1	0	1	0
1	1	0	1	0	1	0	1	0	0
0	0	1	0	1	0	1	1	0	1
1	1	0	1	0	1	0	0	1	0
1	1	0	1	1	0	0	1	0	0

MEDIUM #61

0	0	1	0	0	1	1	0	1	1
0	0	1	0	1	1	0	0	1	1
1	1	0	1	0	0	1	1	0	0
0	0	1	0	1	1	0	1	0	1
0	1	0	1	0	1	1	0	1	0
1	0	1	0	1	0	0	1	1	0
1	1	0	1	0	0	1	0	0	1
0	0	1	1	0	1	0	0	1	1
1	1	0	0	1	0	1	1	0	0
1	1	0	1	1	0	0	1	0	0

MEDIUM #62

1	0	0	1	0	0	1	0	1	1
1	0	0	1	1	0	0	1	1	0
0	1	1	0	0	1	1	0	0	1
0	0	1	0	1	1	0	0	1	1
1	0	0	1	1	0	1	1	0	0
0	1	1	0	0	1	0	0	1	1
0	1	0	1	1	0	1	1	0	0
1	0	1	0	1	0	0	1	0	1
0	1	1	0	0	1	1	0	1	0
1	1	0	1	0	1	0	1	0	0

MEDIUM #63

0	0	1	0	1	0	1	1	0	1
0	0	1	0	1	0	1	0	1	1
1	1	0	1	0	1	0	0	1	0
0	0	1	1	0	0	1	1	0	1
0	1	0	0	1	1	0	0	1	1
1	1	0	0	1	0	1	0	1	0
1	0	1	1	0	1	0	1	0	0
0	0	1	0	0	1	1	0	1	1
1	1	0	1	1	0	0	1	0	0
1	1	0	1	0	1	0	1	0	0

MEDIUM #64

0	0	1	0	0	1	1	0	1	1
0	0	1	0	1	0	1	0	1	1
1	1	0	1	0	1	0	1	0	0
1	0	0	1	0	0	1	1	0	1
0	0	1	0	1	1	0	0	1	1
0	1	1	0	1	0	0	1	1	0
1	1	0	1	0	0	1	1	0	0
0	0	1	1	0	1	1	0	0	1
1	1	0	0	1	1	0	0	1	0
1	1	0	1	1	0	0	1	0	0

MEDIUM #65

0	1	0	0	1	0	1	0	1	1
1	1	0	0	1	0	0	1	1	0
0	0	1	1	0	1	1	0	0	1
0	0	1	0	1	1	0	0	1	1
1	1	0	0	1	0	1	1	0	0
0	0	1	1	0	0	1	1	0	1
1	0	1	1	0	1	0	0	1	0
1	1	0	0	1	0	0	1	0	1
0	0	1	1	0	1	1	0	1	0
1	1	0	1	0	1	0	1	0	0

MEDIUM #66

0	1	0	0	1	0	1	0	1	1
1	0	1	0	0	1	0	1	0	1
1	0	0	1	0	1	1	0	1	0
0	1	1	0	1	0	0	1	1	0
0	0	1	1	0	0	1	1	0	1
1	0	0	1	0	1	1	0	0	1
0	1	1	0	1	1	0	0	1	0
0	0	1	0	1	0	1	1	0	1
1	1	0	1	0	1	0	0	1	0
1	1	0	1	1	0	0	1	0	0

MEDIUM #67

0	1	0	0	1	1	0	1	1	0
0	1	0	0	1	0	1	0	1	1
1	0	1	1	0	1	0	1	0	0
0	0	1	0	0	1	1	0	1	1
0	1	0	1	1	0	0	1	0	1
1	0	1	0	0	1	1	0	1	0
1	0	0	1	1	0	0	1	0	1
0	1	1	0	0	1	1	0	1	0
1	0	1	1	0	0	1	0	0	1
1	1	0	1	1	0	0	1	0	0

MEDIUM #68

0	0	1	0	0	1	1	0	1	1
0	1	0	0	1	0	1	0	1	1
1	0	1	1	0	1	0	1	0	0
0	0	1	0	1	1	0	1	0	1
0	1	0	1	0	0	1	0	1	1
1	0	1	1	0	0	1	0	1	0
1	1	0	0	1	1	0	1	0	0
0	0	1	0	1	1	0	0	1	1
1	1	0	1	0	0	1	1	0	0
1	1	0	1	1	0	0	1	0	0

MEDIUM #69

0	0	1	0	0	1	1	0	1	1
0	0	1	0	1	0	1	0	1	1
1	1	0	1	0	1	0	1	0	0
0	0	1	1	0	0	1	0	1	1
0	1	1	0	1	1	0	1	0	0
1	0	0	1	0	0	1	1	0	1
1	1	0	0	1	1	0	0	1	0
0	0	1	0	1	1	0	1	0	1
1	1	0	1	0	0	1	0	1	0
1	1	0	1	1	0	0	1	0	0

MEDIUM #70

1	0	0	1	1	0	0	1	0	1
0	0	1	1	0	0	1	0	1	1
0	1	0	0	1	1	0	1	1	0
1	0	1	1	0	0	1	0	0	1
0	1	1	0	0	1	1	0	1	0
0	1	0	0	1	1	0	1	0	1
1	0	1	1	0	0	1	0	1	0
0	0	1	0	1	1	0	0	1	1
1	1	0	0	1	1	0	1	0	0
1	1	0	1	0	0	1	1	0	0

MEDIUM #71

0	1	0	0	1	0	1	1	0	1
1	1	0	0	1	0	0	1	0	1
0	0	1	1	0	1	1	0	1	0
0	1	0	1	0	0	1	0	1	1
1	0	1	0	1	0	0	1	0	1
1	0	0	1	0	1	1	0	1	0
0	1	1	0	1	1	0	0	1	0
0	0	1	1	0	0	1	1	0	1
1	1	0	1	0	1	0	0	1	0
1	0	1	0	1	1	0	1	0	0

MEDIUM #72

0	0	1	0	1	1	0	0	1	1
1	0	0	1	0	0	1	1	0	1
0	1	0	0	1	1	0	1	1	0
0	0	1	0	0	1	1	0	1	1
1	1	0	1	1	0	0	1	0	0
0	0	1	1	0	0	1	0	1	1
1	1	0	0	1	1	0	1	0	0
0	1	1	0	1	0	1	0	1	0
1	0	1	1	0	0	1	0	0	1
1	1	0	1	0	1	0	1	0	0

MEDIUM #73

1	1	0	1	1	0	0	1	0	0
0	0	1	0	0	1	1	0	1	1
0	1	1	0	1	0	1	0	0	1
1	0	0	1	0	1	0	1	1	0
0	1	0	0	1	0	1	0	1	1
0	0	1	0	1	0	1	1	0	1
1	1	0	1	0	1	0	0	1	0
0	0	1	1	0	1	1	0	1	0
1	0	1	0	1	0	0	1	0	1
1	1	0	1	0	1	0	1	0	0

MEDIUM #74

1	0	0	1	0	0	1	1	0	1
0	0	1	1	0	0	1	0	1	1
0	1	0	0	1	1	0	1	1	0
1	1	0	0	1	0	0	1	0	1
0	0	1	1	0	1	1	0	1	0
0	1	0	0	1	0	1	0	1	1
1	0	1	1	0	1	0	1	0	0
0	1	1	0	1	1	0	0	1	0
1	1	0	1	0	0	1	0	0	1
1	0	1	0	1	1	0	1	0	0

MEDIUM #75

0	0	1	0	1	0	1	0	1	1
0	0	1	0	1	0	1	1	0	1
1	1	0	1	0	1	0	0	1	0
0	0	1	0	1	1	0	1	0	1
0	1	0	1	0	0	1	0	1	1
1	0	1	0	1	1	0	1	0	0
1	1	0	1	0	0	1	0	1	0
0	0	1	1	0	1	0	0	1	1
1	1	0	0	1	1	0	1	0	0
1	1	0	1	0	0	1	1	0	0

MEDIUM #76

0	0	1	0	1	0	1	0	1	1
0	0	1	0	1	0	1	1	0	1
1	1	0	1	0	1	0	0	1	0
0	0	1	0	0	1	1	0	1	1
0	1	0	1	1	0	0	1	0	1
1	1	0	0	1	1	0	0	1	0
1	0	1	1	0	0	1	1	0	0
0	1	0	0	1	1	0	1	0	1
1	1	0	1	0	0	1	0	1	0
1	0	1	1	0	1	0	1	0	0

MEDIUM #77

0	0	1	0	1	0	1	0	1	1
0	1	0	0	1	1	0	1	0	1
1	0	0	1	0	1	1	0	1	0
0	0	1	0	1	0	1	1	0	1
1	1	0	1	0	1	0	0	1	0
0	0	1	1	0	1	0	1	1	0
1	1	0	0	1	0	1	0	0	1
1	0	1	1	0	0	1	1	0	0
0	1	1	0	0	1	0	0	1	1
1	1	0	1	1	0	0	1	0	0

MEDIUM #78

1	0	0	1	0	0	1	1	0	1
0	0	1	0	0	1	1	0	1	1
0	1	1	0	1	0	0	1	1	0
1	1	0	1	0	0	1	0	0	1
0	0	1	0	1	1	0	1	1	0
0	0	1	0	1	1	0	0	1	1
1	1	0	1	0	0	1	1	0	0
0	0	1	1	0	1	1	0	0	1
1	1	0	0	1	1	0	0	1	0
1	1	0	1	1	0	0	1	0	0

MEDIUM #79

0	0	1	0	0	1	1	0	1	1
0	0	1	0	1	0	1	1	0	1
1	1	0	1	0	1	0	0	1	0
1	0	0	1	0	1	0	1	0	1
0	0	1	0	1	0	1	0	1	1
0	1	1	0	1	0	0	1	1	0
1	1	0	1	0	1	0	1	0	0
0	0	1	1	0	1	1	0	0	1
1	1	0	0	1	0	1	0	1	0
1	1	0	1	1	0	0	1	0	0

MEDIUM #80

1	1	0	0	1	0	0	1	1	0
0	0	1	0	0	1	1	0	1	1
0	0	1	1	0	0	1	1	0	1
1	1	0	0	1	1	0	0	1	0
1	0	0	1	0	0	1	0	1	1
0	0	1	0	1	1	0	1	0	1
0	1	0	1	1	0	1	1	0	0
1	0	1	1	0	1	0	0	1	0
0	1	1	0	0	1	1	0	0	1
1	1	0	1	1	0	0	1	0	0

MEDIUM #81

1	0	0	1	0	0	1	1	0	1
0	0	1	1	0	0	1	0	1	1
0	1	0	0	1	1	0	1	1	0
1	0	0	1	1	0	0	1	0	1
1	0	1	0	0	1	1	0	0	1
0	1	1	0	1	1	0	0	1	0
1	1	0	1	0	0	1	1	0	0
0	0	1	0	1	1	0	0	1	1
0	1	1	0	0	1	1	0	1	0
1	1	0	1	1	0	0	1	0	0

MEDIUM #82

0	0	1	0	0	1	1	0	1	1
1	1	0	0	1	0	0	1	0	1
1	0	0	1	1	0	1	0	1	0
0	0	1	1	0	1	0	0	1	1
0	1	1	0	1	0	1	1	0	0
1	0	0	1	0	1	1	0	0	1
0	1	1	0	1	0	0	1	1	0
0	0	1	1	0	0	1	1	0	1
1	1	0	0	1	1	0	0	1	0
1	1	0	1	0	1	0	1	0	0

MEDIUM #83

0	1	0	1	0	1	0	1	0	1
0	0	1	0	1	0	1	0	1	1
1	1	0	0	1	0	1	1	0	0
0	0	1	1	0	1	0	1	1	0
0	0	1	0	0	1	1	0	1	1
1	1	0	0	1	0	0	1	0	1
1	0	0	1	1	0	1	0	1	0
0	1	1	0	0	1	1	0	0	1
1	1	0	1	1	0	0	1	0	0
1	0	1	1	0	1	0	0	1	0

MEDIUM #84

0	0	1	0	0	1	1	0	1	1
1	0	0	1	0	1	1	0	1	0
0	1	1	0	1	0	0	1	0	1
0	1	0	0	1	0	1	0	1	1
1	0	1	1	0	1	0	1	0	0
0	0	1	0	1	0	1	0	1	1
1	1	0	1	0	1	0	1	0	0
0	1	0	1	0	0	1	1	0	1
1	0	1	0	1	1	0	0	1	0
1	1	0	1	1	0	0	1	0	0

MEDIUM #85

0	0	1	0	0	1	1	0	1	1
0	0	1	0	1	0	1	0	1	1
1	1	0	1	1	0	0	1	0	0
0	0	1	1	0	1	0	0	1	1
0	1	0	0	1	0	1	1	0	1
1	0	1	0	1	0	1	1	0	0
1	1	0	1	0	1	0	0	1	0
0	0	1	1	0	0	1	0	1	1
1	1	0	0	1	1	0	1	0	0
1	1	0	1	0	1	0	1	0	0

MEDIUM #86

0	0	1	0	0	1	1	0	1	1
0	1	0	1	0	0	1	1	0	1
1	1	0	0	1	0	0	1	1	0
0	0	1	0	1	1	0	0	1	1
0	0	1	1	0	1	1	0	0	1
1	1	0	0	1	0	1	1	0	0
1	0	1	1	0	1	0	0	1	0
0	0	1	0	1	0	1	1	0	1
1	1	0	1	1	0	0	1	0	0
1	1	0	1	0	1	0	0	1	0

MEDIUM #87

0	0	1	0	1	0	1	1	0	1
1	1	0	0	1	0	0	1	0	1
0	0	1	1	0	1	1	0	1	0
1	0	0	1	1	0	0	1	1	0
0	1	1	0	0	1	1	0	0	1
0	0	1	0	0	1	1	0	1	1
1	1	0	1	1	0	0	1	0	0
0	0	1	0	1	1	0	0	1	1
1	1	0	1	0	0	1	0	1	0
1	1	0	1	0	1	0	1	0	0

MEDIUM #88

0	0	1	0	0	1	1	0	1	1
0	1	0	0	1	1	0	1	0	1
1	0	1	1	0	0	1	1	0	0
0	0	1	0	1	1	0	0	1	1
0	1	0	1	1	0	0	1	1	0
1	0	1	1	0	0	1	0	0	1
1	1	0	0	1	1	0	1	0	0
0	0	1	0	1	1	0	1	1	0
1	1	0	1	0	0	1	0	0	1
1	1	0	1	0	0	1	0	1	0

MEDIUM #89

1	0	0	1	0	0	1	0	1	1
0	0	1	0	1	1	0	1	0	1
0	1	1	0	0	1	0	1	1	0
1	0	0	1	1	0	1	0	0	1
0	0	1	0	1	1	0	1	1	0
0	1	1	0	0	1	1	0	0	1
1	1	0	1	1	0	0	1	0	0
0	0	1	1	0	0	1	0	1	1
1	1	0	0	1	1	0	1	0	0
1	1	0	1	0	0	1	0	1	0

MEDIUM #90

1	0	0	1	0	1	0	0	1	1
0	1	1	0	0	1	1	0	1	0
0	0	1	0	1	0	1	1	0	1
1	0	0	1	0	1	0	1	0	1
0	1	1	0	1	0	1	0	1	0
0	1	0	1	1	0	1	0	1	0
1	0	1	0	0	1	0	1	0	1
0	0	1	1	0	1	1	0	0	1
1	1	0	0	1	0	0	1	1	0
1	1	0	1	1	0	0	1	0	0

MEDIUM #91

1	0	0	1	0	0	1	0	1	1
0	0	1	0	1	1	0	1	0	1
0	1	0	1	0	1	1	0	1	0
1	0	0	1	0	0	1	1	0	1
0	1	1	0	1	1	0	0	1	0
0	1	0	0	1	1	0	0	1	1
1	0	1	1	0	0	1	1	0	0
0	1	1	0	0	1	0	0	1	1
1	1	0	1	1	0	0	1	0	0
1	0	1	0	1	0	1	1	0	0

MEDIUM #92

1	1	0	1	0	0	1	0	0	1
0	0	1	0	1	1	0	1	1	0
0	0	1	0	0	1	1	0	1	1
1	1	0	1	1	0	0	1	0	0
0	0	1	0	1	0	1	0	1	1
0	0	1	1	0	1	0	1	1	0
1	1	0	0	1	0	1	0	0	1
0	1	0	0	1	1	0	0	1	1
1	0	1	1	0	1	0	1	0	0
1	1	0	1	0	0	1	1	0	0

MEDIUM #93

1	0	1	0	1	1	0	0	1	0
0	0	1	1	0	0	1	1	0	1
0	1	0	0	1	0	1	0	1	1
1	0	0	1	0	1	0	1	1	0
0	0	1	1	0	1	0	1	0	1
0	1	1	0	1	0	1	0	1	0
1	1	0	0	1	0	0	1	0	1
0	0	1	1	0	1	1	0	0	1
1	1	0	0	1	0	1	0	1	0
1	1	0	1	0	1	0	1	0	0

MEDIUM #94

0	0	1	0	1	0	1	0	1	1
1	1	0	0	1	0	0	1	0	1
0	0	1	1	0	1	0	1	1	0
1	0	0	1	0	0	1	0	1	1
1	1	0	0	1	0	1	0	0	1
0	1	1	0	1	1	0	1	0	0
0	0	1	1	0	1	1	0	1	0
1	0	0	1	0	0	1	1	0	1
0	1	1	0	1	1	0	0	1	0
1	1	0	1	0	1	0	1	0	0

MEDIUM #95

1	0	0	1	0	0	1	0	1	1
0	0	1	0	1	1	0	1	1	0
0	1	0	0	1	0	1	1	0	1
1	0	0	1	0	1	0	0	1	1
0	0	1	1	0	1	1	0	1	0
0	1	1	0	1	0	0	1	0	1
1	1	0	0	1	0	1	1	0	0
1	0	1	1	0	1	0	0	1	0
0	1	1	0	1	0	1	0	0	1
1	1	0	1	0	1	0	1	0	0

MEDIUM #96

0	0	1	0	1	1	0	1	1	0
1	0	0	1	0	1	0	0	1	1
0	1	1	0	1	0	1	1	0	0
0	0	1	0	0	1	1	0	1	1
1	0	0	1	0	1	0	1	0	1
0	1	1	0	1	0	1	0	1	0
1	1	0	1	1	0	0	1	0	0
0	0	1	1	0	1	0	1	0	1
1	1	0	0	1	0	1	0	1	0
1	1	0	1	0	0	1	0	0	1

MEDIUM #97

1	0	0	1	0	0	1	0	1	1
0	0	1	0	1	1	0	1	0	1
1	1	0	0	1	0	1	0	1	0
0	0	1	1	0	0	1	1	0	1
1	0	0	1	0	1	0	1	1	0
0	1	1	0	1	0	1	0	1	0
0	1	0	0	1	1	0	1	0	1
1	0	1	1	0	1	0	0	1	0
0	1	1	0	1	0	1	0	0	1
1	1	0	1	0	1	0	1	0	0

MEDIUM #98

1	0	0	1	0	0	1	1	0	1
1	0	0	1	0	0	1	0	1	1
0	1	1	0	1	1	0	0	1	0
0	0	1	0	1	0	1	1	0	1
1	1	0	1	0	1	0	0	1	0
0	0	1	0	1	1	0	0	1	1
1	1	0	0	1	0	1	1	0	0
0	0	1	1	0	1	0	0	1	1
0	1	1	0	1	1	0	1	0	0
1	1	0	1	0	0	1	1	0	0

MEDIUM #99

1	0	0	1	0	0	1	0	1	1
0	1	0	0	1	1	0	1	1	0
0	0	1	0	1	0	1	1	0	1
1	0	1	1	0	0	1	0	1	0
1	1	0	0	1	1	0	0	1	0
0	0	1	0	1	1	0	1	0	1
0	1	0	1	0	0	1	1	0	1
1	0	1	1	0	1	0	0	1	0
0	1	1	0	1	0	1	0	0	1
1	1	0	1	0	1	0	1	0	0

MEDIUM #100

1	1	0	0	1	0	0	1	1	0
0	1	0	0	1	1	0	0	1	1
0	0	1	1	0	0	1	1	0	1
1	0	0	1	0	1	1	0	1	0
0	1	1	0	1	1	0	1	0	0
0	0	1	0	1	0	1	0	1	1
1	0	0	1	0	0	1	1	0	1
0	1	1	0	1	1	0	0	1	0
1	0	1	1	0	0	1	0	0	1
1	1	0	1	0	1	0	1	0	0

MEDIUM #101

1	0	0	1	0	0	1	0	1	1
1	0	0	1	0	0	1	1	0	1
0	1	1	0	1	1	0	0	1	0
0	0	1	0	0	1	1	0	1	1
1	0	0	1	1	0	1	1	0	0
1	1	0	0	1	1	0	0	1	0
0	1	1	0	0	1	0	1	0	1
0	0	1	1	0	0	1	0	1	1
1	1	0	1	1	0	0	1	0	0
0	1	1	0	1	1	0	1	0	0

MEDIUM #102

0	1	0	1	0	1	0	1	1	0
0	0	1	0	0	1	1	0	1	1
1	0	0	1	1	0	0	1	0	1
0	1	0	0	1	1	0	1	1	0
1	0	1	1	0	0	1	0	0	1
1	0	0	1	0	1	1	0	1	0
0	1	1	0	1	0	0	1	0	1
1	0	1	0	1	0	1	0	1	0
1	1	0	1	0	1	0	1	0	0
0	1	1	0	1	0	1	0	0	1

MEDIUM #103

0	0	1	0	0	1	1	0	1	1
0	1	0	0	1	0	1	0	1	1
1	0	1	1	0	1	0	1	0	0
0	0	1	0	1	0	1	1	0	1
0	1	0	1	0	1	0	0	1	1
1	0	1	0	1	0	1	1	0	0
1	1	0	1	0	1	0	0	1	0
0	0	1	0	1	0	1	0	1	1
1	1	0	1	0	1	0	1	0	0
1	1	0	1	1	0	0	1	0	0

MEDIUM #104

0	1	0	0	1	0	1	0	1	1
0	0	1	0	1	1	0	0	1	1
1	0	1	1	0	0	1	1	0	0
0	1	0	1	0	1	1	0	0	1
0	1	0	0	1	1	0	1	1	0
1	0	1	1	0	0	1	0	0	1
1	0	0	1	0	1	0	1	1	0
0	1	1	0	1	0	1	0	0	1
1	0	1	0	0	1	0	1	1	0
1	1	0	1	1	0	0	1	0	0

MEDIUM #105

1	0	0	1	0	0	1	1	0	1
0	0	1	0	1	0	1	0	1	1
0	1	1	0	0	1	0	1	1	0
1	0	0	1	1	0	0	1	0	1
0	0	1	0	0	1	1	0	1	1
0	1	1	0	1	1	0	0	1	0
1	1	0	1	1	0	0	1	0	0
0	0	1	1	0	1	1	0	0	1
1	1	0	0	1	0	1	0	1	0
1	1	0	1	0	1	0	1	0	0

MEDIUM #106

0	0	1	0	1	1	0	0	1	1
0	1	0	1	0	1	0	0	1	1
1	0	1	0	1	0	1	1	0	0
0	0	1	1	0	1	0	1	0	1
0	1	0	1	1	0	1	0	1	0
1	0	1	0	0	1	0	1	1	0
1	1	0	0	1	0	1	0	0	1
0	0	1	1	0	1	1	0	1	0
1	1	0	0	1	0	0	1	0	1
1	1	0	1	0	0	1	1	0	0

MEDIUM #107

0	1	0	0	1	0	1	0	1	1
0	1	1	0	0	1	0	1	0	1
1	0	0	1	0	1	1	0	1	0
0	0	1	0	1	0	1	1	0	1
1	1	0	0	1	1	0	0	1	0
0	0	1	1	0	0	1	1	0	1
1	0	0	1	0	1	0	1	1	0
0	1	1	0	1	0	1	0	0	1
1	0	1	1	0	1	0	0	1	0
1	1	0	1	1	0	0	1	0	0

MEDIUM #108

1	1	0	0	1	0	1	0	0	1
0	1	0	1	1	0	0	1	1	0
0	0	1	0	0	1	1	0	1	1
1	0	1	0	0	1	0	1	0	1
0	1	0	1	1	0	1	0	1	0
0	0	1	0	1	1	0	1	1	0
1	0	1	1	0	0	1	0	0	1
1	1	0	0	1	1	0	1	0	0
0	0	1	1	0	1	0	1	1	0
1	1	0	1	0	0	1	0	0	1

MEDIUM #109

0	0	1	0	0	1	1	0	1	1
1	1	0	0	1	0	1	0	1	0
0	0	1	1	0	1	0	1	0	1
0	0	1	0	1	1	0	0	1	1
1	1	0	1	0	0	1	1	0	0
1	0	0	1	0	1	0	0	1	1
0	1	1	0	1	0	1	1	0	0
0	0	1	0	1	1	0	1	1	0
1	1	0	1	0	0	1	0	0	1
1	1	0	1	1	0	0	1	0	0

MEDIUM #110

0	0	1	0	0	1	1	0	1	1
0	0	1	1	0	0	1	0	1	1
1	1	0	0	1	1	0	1	0	0
0	0	1	0	1	0	1	1	0	1
1	0	0	1	0	1	0	0	1	1
0	1	1	0	1	0	0	1	1	0
1	1	0	1	0	0	1	1	0	0
1	0	0	1	0	1	1	0	0	1
0	1	1	0	1	1	0	0	1	0
1	1	0	1	1	0	0	1	0	0

MEDIUM #111

0	0	1	0	1	1	0	1	1	0
1	1	0	0	1	0	1	0	0	1
0	0	1	1	0	1	0	1	1	0
0	0	1	0	1	0	1	0	1	1
1	1	0	0	1	0	0	1	0	1
0	1	0	1	0	1	1	0	1	0
1	0	1	1	0	0	1	0	0	1
0	1	0	0	1	1	0	1	0	1
1	1	0	1	0	0	1	0	1	0
1	0	1	1	0	1	0	1	0	0

MEDIUM #112

0	0	1	0	0	1	1	0	1	1
0	0	1	0	1	0	1	1	0	1
1	1	0	1	0	1	0	0	1	0
0	0	1	0	1	0	1	0	1	1
1	0	1	1	0	1	0	1	0	0
0	1	0	0	1	0	1	0	1	1
1	1	0	1	0	1	0	1	0	0
1	0	1	0	0	1	1	0	1	0
0	1	0	1	1	0	0	1	0	1
1	1	0	1	1	0	0	1	0	0

MEDIUM #113

1	0	0	1	0	1	0	1	1	0
0	1	0	0	1	0	1	1	0	1
0	0	1	0	0	1	1	0	1	1
1	1	0	1	1	0	0	1	0	0
0	1	1	0	1	1	0	1	0	0
0	0	1	1	0	0	1	0	1	1
1	1	0	1	0	1	0	0	1	0
0	1	0	0	1	1	0	1	0	1
1	0	1	1	0	0	1	0	0	1
1	0	1	0	1	0	1	0	1	0

MEDIUM #114

0	0	1	0	0	1	1	0	1	1
0	1	1	0	0	1	0	0	1	1
1	0	0	1	1	0	1	1	0	0
0	1	1	0	1	0	1	0	0	1
0	0	1	1	0	1	0	1	1	0
1	0	0	1	0	0	1	0	1	1
1	1	0	0	1	1	0	1	0	0
0	0	1	1	0	1	1	0	0	1
1	1	0	0	1	0	0	1	1	0
1	1	0	1	1	0	0	1	0	0

MEDIUM #115

1	0	1	0	0	1	0	0	1	1
0	0	1	0	0	1	1	0	1	1
0	1	0	1	1	0	1	1	0	0
1	0	1	0	1	1	0	1	0	0
0	0	1	1	0	0	1	0	1	1
0	1	0	0	1	0	1	1	0	1
1	1	0	1	0	1	0	0	1	0
0	0	1	0	1	1	0	0	1	1
1	1	0	1	0	0	1	1	0	0
1	1	0	1	1	0	0	1	0	0

MEDIUM #116

0	0	1	0	1	0	1	0	1	1
1	0	0	1	0	1	0	1	1	0
0	1	0	0	1	0	1	1	0	1
0	0	1	0	0	1	1	0	1	1
1	1	0	1	1	0	0	1	0	0
0	0	1	1	0	1	0	0	1	1
1	1	0	0	1	0	1	1	0	0
0	1	1	0	1	0	1	0	0	1
1	0	1	1	0	1	0	0	1	0
1	1	0	1	0	1	0	1	0	0

MEDIUM #117

0	0	1	0	0	1	1	0	1	1
0	1	0	0	1	1	0	1	1	0
1	0	1	1	0	0	1	0	0	1
0	1	0	0	1	1	0	0	1	1
1	0	1	1	0	0	1	1	0	0
0	0	1	0	1	1	0	1	1	0
1	1	0	1	0	0	1	0	0	1
0	0	1	1	0	0	1	0	1	1
1	1	0	0	1	1	0	1	0	0
1	1	0	1	1	0	0	1	0	0

MEDIUM #118

0	0	1	0	0	1	1	0	1	1
0	1	0	1	0	1	0	1	0	1
1	0	1	0	1	0	1	0	1	0
0	0	1	0	1	0	1	1	0	1
0	1	0	1	0	1	0	1	1	0
1	0	1	0	1	0	1	0	0	1
1	1	0	1	0	1	0	0	1	0
0	0	1	1	0	1	0	1	1	0
1	1	0	0	1	0	1	0	0	1
1	1	0	1	1	0	0	1	0	0

MEDIUM #119

0	0	1	0	0	1	1	0	1	1
0	0	1	1	0	1	0	0	1	1
1	1	0	0	1	0	1	1	0	0
0	0	1	0	1	0	1	1	0	1
0	1	0	1	0	1	0	0	1	1
1	0	1	0	1	0	1	1	0	0
1	1	0	1	0	1	0	0	1	0
0	0	1	0	1	0	1	0	1	1
1	1	0	1	0	1	0	1	0	0
1	1	0	1	1	0	0	1	0	0

MEDIUM #120

1	0	1	1	0	0	1	1	0	0
1	1	0	0	1	0	1	0	1	0
0	0	1	0	1	1	0	0	1	1
0	0	1	1	0	1	0	1	0	1
1	1	0	0	1	0	1	1	0	0
0	0	1	0	0	1	1	0	1	1
1	1	0	1	0	1	0	0	1	0
0	0	1	0	1	0	1	1	0	1
0	1	0	1	0	1	0	0	1	1
1	1	0	1	1	0	0	1	0	0

MEDIUM #121

0	0	1	0	1	0	1	0	1	1
0	0	1	1	0	1	0	1	1	0
1	1	0	0	1	1	0	1	0	0
0	0	1	1	0	0	1	0	1	1
1	0	0	1	0	1	0	1	1	0
0	1	1	0	1	1	0	1	0	0
1	1	0	0	1	0	1	0	0	1
0	0	1	1	0	1	1	0	1	0
1	1	0	0	1	0	0	1	0	1
1	1	0	1	0	0	1	0	0	1

MEDIUM #122

1	1	0	0	1	0	1	0	0	1
0	0	1	0	0	1	1	0	1	1
0	0	1	1	0	1	0	1	1	0
1	1	0	0	1	0	0	1	0	1
0	0	1	0	1	0	1	0	1	1
0	0	1	1	0	1	1	0	1	0
1	1	0	1	1	0	0	1	0	0
0	1	0	0	1	0	1	0	1	1
1	0	1	1	0	1	0	1	0	0
1	1	0	1	0	1	0	1	0	0

MEDIUM #123

0	0	1	0	0	1	1	0	1	1
0	0	1	0	1	1	0	1	1	0
1	1	0	1	0	0	1	0	0	1
0	0	1	0	1	1	0	0	1	1
1	0	0	1	1	0	0	1	1	0
0	1	1	0	0	1	1	0	0	1
1	1	0	1	1	0	0	1	0	0
0	0	1	1	0	0	1	0	1	1
1	1	0	0	1	1	0	1	0	0
1	1	0	1	0	0	1	1	0	0

MEDIUM #124

0	0	1	0	0	1	1	0	1	1
0	1	0	0	1	1	0	0	1	1
1	0	1	1	0	0	1	1	0	0
0	1	0	0	1	0	1	0	1	1
0	0	1	1	0	1	0	1	0	1
1	0	1	0	1	0	1	0	1	0
1	1	0	1	0	1	0	1	0	0
0	0	1	0	1	1	0	1	0	1
1	1	0	1	0	0	1	0	1	0
1	1	0	1	1	0	0	1	0	0

MEDIUM #125

1	0	0	1	0	0	1	0	1	1
0	0	1	0	1	0	1	0	1	1
1	1	0	0	1	1	0	1	0	0
0	0	1	1	0	0	1	0	1	1
0	0	1	1	0	1	0	1	1	0
1	1	0	0	1	0	1	0	0	1
0	1	1	0	1	1	0	1	0	0
0	0	1	1	0	1	0	0	1	1
1	1	0	0	1	0	1	1	0	0
1	1	0	1	0	1	0	1	0	0

MEDIUM #126

0	0	1	1	0	0	1	0	1	1
0	0	1	0	0	1	1	0	1	1
1	1	0	1	1	0	0	1	0	0
0	0	1	0	1	1	0	1	0	1
0	1	0	1	0	1	1	0	1	0
1	0	1	1	0	0	1	1	0	0
1	1	0	0	1	0	0	1	0	1
0	1	1	0	1	1	0	0	1	0
1	0	0	1	0	0	1	0	1	1
1	1	0	0	1	1	0	1	0	0

MEDIUM #127

0	0	1	0	0	1	1	0	1	1
1	0	0	1	1	0	0	1	1	0
0	1	0	0	1	0	1	1	0	1
1	0	1	0	0	1	0	0	1	1
0	1	0	1	1	0	1	1	0	0
1	1	0	0	1	1	0	0	1	0
0	0	1	1	0	0	1	1	0	1
0	1	1	0	1	1	0	0	1	0
1	1	0	1	0	0	1	0	0	1
1	0	1	1	0	1	0	1	0	0

MEDIUM #128

0	1	0	0	1	0	1	0	1	1
0	1	0	0	1	0	1	1	0	1
1	0	1	1	0	1	0	0	1	0
0	0	1	1	0	0	1	0	1	1
0	1	0	0	1	1	0	1	0	1
1	1	0	0	1	1	0	0	1	0
1	0	1	1	0	0	1	1	0	0
0	0	1	0	1	0	1	0	1	1
1	1	0	1	0	1	0	1	0	0
1	0	1	1	0	1	0	1	0	0

MEDIUM #129

1	0	0	1	0	0	1	0	1	1
1	0	1	0	1	0	0	1	0	1
0	1	0	0	1	1	0	1	1	0
0	0	1	1	0	1	1	0	0	1
1	0	1	0	1	0	0	1	1	0
0	1	0	1	0	1	1	0	0	1
0	1	1	0	0	1	0	1	1	0
1	0	1	0	1	0	1	0	0	1
0	1	0	1	1	0	1	0	1	0
1	1	0	1	0	1	0	1	0	0

MEDIUM #130

0	0	1	0	1	1	0	1	1	0
0	1	0	0	1	0	1	1	0	1
1	0	0	1	0	1	1	0	1	0
0	0	1	0	1	1	0	0	1	1
0	1	0	1	0	0	1	1	0	1
1	1	0	0	1	1	0	1	0	0
1	0	1	1	0	0	1	0	1	0
0	1	1	0	1	0	0	1	0	1
1	1	0	1	0	1	0	0	1	0
1	0	1	1	0	0	1	0	0	1

MEDIUM #131

0	0	1	1	0	0	1	0	1	1
0	1	0	0	1	1	0	1	0	1
1	0	1	0	0	1	1	0	1	0
0	0	1	1	0	0	1	1	0	1
0	1	0	0	1	1	0	0	1	1
1	0	1	0	1	0	1	0	1	0
1	1	0	1	0	1	0	1	0	0
0	0	1	0	1	1	0	0	1	1
1	1	0	1	0	0	1	1	0	0
1	1	0	1	1	0	0	1	0	0

MEDIUM #132

0	0	1	0	0	1	1	0	1	1
0	1	0	0	1	0	1	1	0	1
1	0	1	1	0	1	0	1	0	0
0	0	1	0	1	0	1	0	1	1
0	1	0	1	1	0	1	1	0	0
1	0	1	1	0	1	0	0	1	0
1	1	0	0	1	0	0	1	0	1
0	1	0	1	1	0	1	0	1	0
1	0	1	0	0	1	0	0	1	1
1	1	0	1	0	1	0	1	0	0

MEDIUM #133

0	1	0	0	1	1	0	0	1	1
0	0	1	0	1	1	0	1	0	1
1	1	0	1	0	0	1	0	1	0
0	0	1	0	1	0	1	0	1	1
0	0	1	1	0	1	0	1	0	1
1	1	0	0	1	0	1	0	1	0
1	0	1	1	0	1	0	1	0	0
0	0	1	0	0	1	1	0	1	1
1	1	0	1	1	0	0	1	0	0
1	1	0	1	0	0	1	1	0	0

MEDIUM #134

0	0	1	0	0	1	1	0	1	1
1	0	0	1	0	1	0	1	0	1
0	1	1	0	1	0	1	0	1	0
0	0	1	0	1	1	0	1	1	0
1	0	0	1	0	1	1	0	0	1
0	1	1	0	1	0	0	1	1	0
1	1	0	1	1	0	0	1	0	0
0	0	1	1	0	1	1	0	0	1
1	1	0	0	1	0	0	1	1	0
1	1	0	1	0	0	1	0	0	1

MEDIUM #135

0	0	1	0	1	1	0	0	1	1
0	0	1	0	1	0	1	1	0	1
1	1	0	1	0	1	0	0	1	0
0	0	1	0	1	0	1	0	1	1
0	1	0	1	0	1	0	1	0	1
1	0	1	0	0	1	1	0	1	0
1	1	0	1	1	0	0	1	0	0
0	0	1	1	0	0	1	0	1	1
1	1	0	0	1	1	0	1	0	0
1	1	0	1	0	0	1	1	0	0

MEDIUM #136

0	1	0	1	0	0	1	1	0	1
0	1	1	0	0	1	0	0	1	1
1	0	0	1	1	0	0	1	1	0
0	0	1	0	1	0	1	1	0	1
0	1	1	0	0	1	1	0	1	0
1	0	0	1	1	0	0	1	0	1
1	0	1	0	1	1	0	0	1	0
0	1	0	1	0	1	1	0	0	1
1	1	0	0	1	0	1	1	0	0
1	0	1	1	0	1	0	0	1	0

MEDIUM #137

1	0	1	0	0	1	1	0	1	0
0	0	1	0	1	0	1	1	0	1
0	1	0	1	0	1	0	0	1	1
1	0	1	0	1	0	1	1	0	0
0	0	1	1	0	1	0	1	0	1
0	1	0	1	0	0	1	0	1	1
1	1	0	0	1	1	0	0	1	0
0	0	1	0	1	1	0	1	0	1
1	1	0	1	0	0	1	0	1	0
1	1	0	1	1	0	0	1	0	0

MEDIUM #138

1	0	0	1	0	0	1	0	1	1
1	1	0	0	1	0	1	0	0	1
0	0	1	0	1	1	0	1	1	0
0	0	1	1	0	1	0	1	0	1
1	1	0	0	1	0	1	0	1	0
0	0	1	1	0	0	1	1	0	1
0	1	0	0	1	1	0	1	1	0
1	0	1	1	0	0	1	0	0	1
1	1	0	1	0	1	0	0	1	0
0	1	1	0	1	1	0	1	0	0

MEDIUM #139

1	0	0	1	0	1	0	1	1	0
0	0	1	0	1	0	1	0	1	1
0	1	0	0	1	0	1	1	0	1
1	0	1	1	0	1	0	0	1	0
0	1	1	0	0	1	1	0	0	1
0	1	0	1	1	0	1	1	0	0
1	0	1	0	0	1	0	0	1	1
0	0	1	0	1	0	1	1	0	1
1	1	0	1	1	0	0	1	0	0
1	1	0	1	0	1	0	0	1	0

MEDIUM #140

0	0	1	1	0	0	1	0	1	1
0	0	1	0	1	0	1	0	1	1
1	1	0	0	1	1	0	1	0	0
0	0	1	1	0	1	0	1	0	1
1	0	0	1	0	0	1	0	1	1
0	1	1	0	1	1	0	1	0	0
1	1	0	0	1	0	0	1	1	0
1	0	0	1	0	1	1	0	0	1
0	1	1	0	0	1	1	0	1	0
1	1	0	1	1	0	0	1	0	0

MEDIUM #141

1	0	0	1	0	1	0	0	1	1
0	0	1	0	1	1	0	1	1	0
0	1	1	0	1	0	1	0	0	1
1	0	0	1	0	1	0	1	1	0
0	0	1	0	1	0	1	0	1	1
0	1	1	0	0	1	1	0	0	1
1	1	0	1	1	0	0	1	0	0
0	0	1	1	0	1	0	1	1	0
1	1	0	0	1	0	1	0	0	1
1	1	0	1	0	0	1	1	0	0

MEDIUM #142

1	0	1	0	0	1	0	0	1	1
0	1	0	0	1	0	1	1	0	1
1	0	1	1	0	0	1	0	1	0
0	0	1	0	1	1	0	1	0	1
0	1	0	0	1	0	1	0	1	1
1	0	1	1	0	1	0	1	0	0
0	1	0	1	0	1	1	0	1	0
0	0	1	0	1	0	1	0	1	1
1	1	0	1	0	1	0	1	0	0
1	1	0	1	1	0	0	1	0	0

MEDIUM #143

0	0	1	0	0	1	1	0	1	1
1	1	0	0	1	0	0	1	1	0
1	0	1	1	0	0	1	0	0	1
0	1	0	1	0	1	1	0	0	1
0	1	0	0	1	1	0	1	1	0
1	0	1	0	1	0	0	1	0	1
0	0	1	1	0	1	1	0	1	0
0	1	0	0	1	0	1	0	1	1
1	0	1	1	0	1	0	1	0	0
1	1	0	1	1	0	0	1	0	0

MEDIUM #144

0	0	1	1	0	0	1	0	1	1
0	0	1	0	1	0	1	0	1	1
1	1	0	0	1	1	0	1	0	0
0	0	1	1	0	0	1	1	0	1
1	0	0	1	0	1	0	0	1	1
0	1	1	0	1	1	0	0	1	0
1	1	0	0	1	0	1	1	0	0
0	0	1	1	0	1	1	0	0	1
1	1	0	0	1	0	0	1	1	0
1	1	0	1	0	1	0	1	0	0

MEDIUM #145

1	0	0	1	0	0	1	1	0	1
0	0	1	0	0	1	1	0	1	1
0	1	0	0	1	1	0	1	1	0
1	0	0	1	1	0	0	1	0	1
0	0	1	1	0	1	1	0	1	0
0	1	1	0	1	1	0	1	0	0
1	1	0	0	1	0	1	0	0	1
1	0	1	1	0	1	0	0	1	0
0	1	1	0	1	0	0	1	0	1
1	1	0	1	0	0	1	0	1	0

MEDIUM #146

1	1	0	0	1	0	0	1	1	0
0	0	1	1	0	0	1	0	1	1
0	0	1	0	1	1	0	1	0	1
1	1	0	0	1	0	1	0	1	0
0	0	1	1	0	1	1	0	0	1
0	0	1	1	0	1	0	1	1	0
1	1	0	0	1	0	1	1	0	0
0	1	0	1	0	1	1	0	0	1
1	0	1	1	0	1	0	0	1	0
1	1	0	0	1	0	0	1	0	1

MEDIUM #147

0	1	0	0	1	0	1	0	1	1
1	0	0	1	0	0	1	1	0	1
0	0	1	0	1	1	0	1	1	0
0	1	0	1	0	0	1	0	1	1
1	0	1	0	1	1	0	1	0	0
1	0	0	1	0	1	0	0	1	1
0	1	1	0	1	0	1	1	0	0
1	0	1	1	0	1	0	0	1	0
1	1	0	1	0	0	1	0	0	1
0	1	1	0	1	1	0	1	0	0

MEDIUM #148

1	0	1	0	0	1	0	0	1	1
0	0	1	0	0	1	1	0	1	1
0	1	0	1	1	0	1	1	0	0
1	0	1	0	1	0	0	1	0	1
0	0	1	1	0	1	1	0	1	0
0	1	0	0	1	0	1	0	1	1
1	1	0	1	0	1	0	1	0	0
0	0	1	0	1	0	1	1	0	1
1	1	0	1	0	1	0	0	1	0
1	1	0	1	1	0	0	1	0	0

MEDIUM #149

0	1	1	0	0	1	0	1	0	1
0	0	1	0	0	1	1	0	1	1
1	0	0	1	1	0	0	1	1	0
0	1	1	0	1	0	1	0	0	1
0	0	1	1	0	1	1	0	1	0
1	1	0	0	1	0	0	1	0	1
1	0	0	1	0	1	1	0	1	0
0	0	1	1	0	0	1	0	1	1
1	1	0	0	1	1	0	1	0	0
1	1	0	1	1	0	0	1	0	0

MEDIUM #150

1	0	0	1	0	0	1	1	0	1
0	0	1	0	1	1	0	0	1	1
0	1	0	0	1	1	0	1	1	0
1	1	0	1	0	0	1	1	0	0
0	0	1	0	0	1	1	0	1	1
0	1	0	1	1	0	0	1	1	0
1	0	1	0	0	1	1	0	0	1
0	1	1	0	1	1	0	0	1	0
1	1	0	1	1	0	0	1	0	0
1	0	1	1	0	0	1	0	0	1

HARD #1

1	1	0	0	1	0	1	1	0	0
0	0	1	0	1	0	1	0	1	1
0	1	0	1	0	1	0	1	0	1
1	0	0	1	0	1	1	0	1	0
0	1	1	0	1	0	0	1	0	1
0	1	0	1	0	1	1	0	1	0
1	0	1	0	0	1	0	0	1	1
0	0	1	0	1	0	1	1	0	1
1	1	0	1	1	0	0	1	0	0
1	0	1	1	0	1	0	0	1	0

HARD #2

0	0	1	0	1	0	1	1	0	1
0	0	1	0	0	1	1	0	1	1
1	1	0	1	1	0	0	1	0	0
0	0	1	1	0	1	0	0	1	1
0	1	0	0	1	0	1	0	1	1
1	1	0	0	1	0	1	1	0	0
1	0	1	1	0	1	0	1	0	0
0	0	1	0	1	0	1	0	1	1
1	1	0	1	0	1	0	0	1	0
1	1	0	1	0	1	0	1	0	0

HARD #3

0	1	0	0	1	1	0	1	1	0
0	0	1	0	0	1	1	0	1	1
1	0	0	1	0	0	1	1	0	1
0	1	0	1	1	0	0	1	1	0
1	0	1	0	0	1	0	0	1	1
1	0	0	1	1	0	1	1	0	0
0	1	1	0	0	1	1	0	0	1
1	0	1	1	0	1	0	0	1	0
1	1	0	1	1	0	0	1	0	0
0	1	1	0	1	0	1	0	0	1

HARD #4

0	0	1	1	0	1	0	1	1	0
0	0	1	0	0	1	1	0	1	1
1	1	0	0	1	0	0	1	0	1
0	0	1	1	0	1	1	0	1	0
0	1	0	0	1	1	0	1	0	1
1	0	1	1	0	0	1	0	1	0
1	1	0	0	1	0	1	0	0	1
0	0	1	0	1	1	0	1	0	1
1	1	0	1	0	0	1	0	1	0
1	1	0	1	1	0	0	1	0	0

HARD #5

1	0	0	1	0	1	0	1	0	1
0	0	1	0	0	1	1	0	1	1
0	1	1	0	1	0	0	1	1	0
1	0	0	1	0	1	1	0	0	1
0	0	1	0	1	1	0	1	1	0
0	1	1	0	1	0	1	0	1	0
1	1	0	1	0	0	1	0	0	1
0	0	1	1	0	1	0	1	0	1
1	1	0	0	1	0	1	0	1	0
1	1	0	1	1	0	0	1	0	0

HARD #6

0	1	0	0	1	0	1	0	1	1
0	0	1	1	0	0	1	0	1	1
1	0	1	0	1	1	0	1	0	0
0	1	0	0	1	0	1	1	0	1
0	0	1	1	0	1	0	0	1	1
1	0	1	0	0	1	1	0	1	0
1	1	0	1	1	0	0	1	0	0
0	0	1	1	0	1	0	1	0	1
1	1	0	0	1	0	1	0	1	0
1	1	0	1	0	1	0	1	0	0

HARD #7

0	0	1	0	1	0	1	0	1	1
0	1	0	0	1	1	0	1	1	0
1	0	0	1	0	1	1	0	0	1
0	0	1	0	1	0	1	1	0	1
0	1	0	1	0	1	0	1	1	0
1	0	1	0	1	1	0	0	1	0
1	1	0	1	0	0	1	0	0	1
0	1	1	0	1	0	0	1	0	1
1	0	1	1	0	1	0	0	1	0
1	1	0	1	0	0	1	1	0	0

HARD #8

0	0	1	0	1	1	0	0	1	1
0	1	0	0	1	0	1	1	0	1
1	0	1	1	0	1	0	1	0	0
0	0	1	0	0	1	1	0	1	1
0	1	0	1	1	0	0	1	1	0
1	1	0	0	1	0	1	0	0	1
1	0	1	1	0	1	0	0	1	0
0	0	1	0	1	0	1	1	0	1
1	1	0	1	0	1	0	0	1	0
1	1	0	1	0	0	1	1	0	0

HARD #9

0	0	1	0	0	1	1	0	1	1
0	0	1	1	0	1	0	0	1	1
1	1	0	0	1	0	1	1	0	0
0	0	1	0	1	0	1	0	1	1
0	1	0	1	0	1	0	1	0	1
1	0	1	0	1	0	1	1	0	0
1	1	0	1	0	1	0	0	1	0
0	0	1	0	1	1	0	1	0	1
1	1	0	1	0	0	1	0	1	0
1	1	0	1	1	0	0	1	0	0

HARD #10

0	0	1	0	0	1	1	0	1	1
0	1	0	0	1	0	1	0	1	1
1	0	1	1	0	1	0	1	0	0
0	0	1	1	0	0	1	0	1	1
0	1	0	0	1	1	0	1	0	1
1	0	1	0	1	1	0	0	1	0
1	1	0	1	0	0	1	1	0	0
0	0	1	1	0	1	0	0	1	1
1	1	0	0	1	0	1	1	0	0
1	1	0	1	1	0	0	1	0	0

HARD #11

0	0	1	0	1	0	1	0	1	1
0	0	1	1	0	1	0	1	0	1
1	1	0	0	1	0	1	0	1	0
0	0	1	1	0	1	0	0	1	1
0	1	1	0	1	1	0	1	0	0
1	0	0	1	0	0	1	0	1	1
1	1	0	0	1	0	1	1	0	0
0	0	1	0	1	1	0	1	0	1
1	1	0	1	0	0	1	0	1	0
1	1	0	1	0	1	0	1	0	0

HARD #12

1	1	0	0	1	0	0	1	1	0
0	0	1	0	1	1	0	1	0	1
0	0	1	1	0	1	1	0	1	0
1	1	0	0	1	0	1	0	0	1
0	0	1	0	1	1	0	1	1	0
0	1	0	1	0	0	1	0	1	1
1	0	0	1	0	1	1	0	0	1
0	1	1	0	1	0	0	1	1	0
1	0	1	1	0	0	1	0	0	1
1	1	0	1	0	1	0	1	0	0

HARD #13

0	0	1	0	0	1	1	0	1	1
0	1	0	0	1	0	1	0	1	1
1	0	1	1	0	1	0	1	0	0
0	0	1	0	1	0	1	0	1	1
0	1	0	1	0	1	0	1	0	1
1	0	1	0	1	0	1	1	0	0
1	1	0	1	0	1	0	0	1	0
0	0	1	1	0	0	1	0	1	1
1	1	0	0	1	1	0	1	0	0
1	1	0	1	1	0	0	1	0	0

HARD #14

1	1	0	0	1	0	1	1	0	0
0	0	1	0	1	1	0	0	1	1
0	0	1	1	0	0	1	0	1	1
1	1	0	0	1	1	0	1	0	0
0	0	1	0	0	1	1	0	1	1
0	1	0	1	1	0	0	1	0	1
1	0	1	1	0	0	1	0	1	0
0	0	1	0	1	1	0	1	0	1
1	1	0	1	0	0	1	0	1	0
1	1	0	1	0	1	0	1	0	0

HARD #15

1	0	0	1	0	0	1	1	0	1
0	1	0	0	1	1	0	1	1	0
0	0	1	0	0	1	1	0	1	1
1	1	0	1	0	0	1	1	0	0
0	1	0	0	1	1	0	1	0	1
1	0	1	1	0	0	1	0	1	0
0	1	1	0	1	1	0	0	1	0
0	1	0	1	1	0	0	1	0	1
1	0	1	1	0	0	1	0	0	1
1	0	1	0	1	1	0	0	1	0

HARD #16

0	0	1	0	0	1	1	0	1	1
0	0	1	0	1	0	1	0	1	1
1	1	0	1	0	1	0	1	0	0
0	0	1	0	1	1	0	1	1	0
0	1	0	1	0	0	1	0	1	1
1	0	1	0	1	1	0	1	0	0
1	1	0	1	0	0	1	0	0	1
0	1	0	0	1	1	0	0	1	1
1	0	1	1	0	0	1	1	0	0
1	1	0	1	1	0	0	1	0	0

HARD #17

1	0	1	1	0	0	1	0	1	0
0	0	1	0	1	1	0	1	0	1
0	1	0	0	1	1	0	1	1	0
1	0	1	1	0	0	1	0	0	1
0	1	0	1	1	0	0	1	1	0
0	0	1	0	0	1	1	0	1	1
1	1	0	0	1	0	0	1	0	1
0	0	1	1	0	1	1	0	1	0
1	1	0	0	1	0	1	0	0	1
1	1	0	1	0	1	0	1	0	0

HARD #18

1	1	0	0	1	0	0	1	0	1
1	1	0	0	1	0	1	0	1	0
0	0	1	1	0	1	0	0	1	1
0	1	0	0	1	1	0	1	0	1
1	0	1	1	0	0	1	0	1	0
0	0	1	0	1	0	1	1	0	1
0	1	0	1	0	1	0	1	1	0
1	0	0	1	0	1	1	0	0	1
0	1	1	0	1	0	1	0	1	0
1	0	1	1	0	1	0	1	0	0

HARD #19

1	1	0	0	1	0	0	1	0	1
0	1	0	0	1	0	1	0	1	1
0	0	1	1	0	1	0	1	1	0
1	0	1	0	0	1	1	0	0	1
0	1	0	1	1	0	1	0	1	0
1	0	1	1	0	1	0	1	0	0
0	0	1	0	1	0	1	0	1	1
0	1	0	1	0	1	0	1	0	1
1	0	1	1	0	0	1	1	0	0
1	1	0	0	1	1	0	0	1	0

HARD #20

0	0	1	0	1	1	0	1	1	0
0	0	1	1	0	1	0	1	1	0
1	1	0	0	1	0	1	0	0	1
0	0	1	0	0	1	1	0	1	1
1	0	0	1	1	0	0	1	1	0
0	1	1	0	0	1	1	0	0	1
1	1	0	1	1	0	0	1	0	0
1	0	1	1	0	0	1	0	1	0
0	1	0	0	1	1	0	1	0	1
1	1	0	1	0	0	1	0	0	1

HARD #21

1	0	1	0	0	1	0	0	1	1
0	1	0	0	1	0	1	1	0	1
0	0	1	1	0	1	1	0	1	0
1	0	0	1	0	1	0	1	1	0
0	1	1	0	1	0	0	1	0	1
0	0	1	0	1	0	1	0	1	1
1	1	0	1	0	1	0	1	0	0
0	0	1	1	0	1	1	0	0	1
1	1	0	0	1	0	1	0	1	0
1	1	0	1	1	0	0	1	0	0

HARD #22

1	0	1	1	0	0	1	0	0	1
0	1	0	0	1	1	0	1	1	0
0	0	1	0	0	1	1	0	1	1
1	0	1	1	0	0	1	1	0	0
0	1	0	1	1	0	0	1	0	1
0	0	1	0	1	1	0	0	1	1
1	1	0	1	0	0	1	0	1	0
0	0	1	0	1	0	1	1	0	1
1	1	0	0	1	1	0	0	1	0
1	1	0	1	0	1	0	1	0	0

HARD #23

1	0	0	1	0	1	0	1	1	0
0	0	1	0	1	0	1	0	1	1
0	1	0	0	1	0	1	1	0	1
1	0	1	1	0	1	0	1	0	0
0	0	1	0	0	1	1	0	1	1
0	1	0	1	1	0	0	1	0	1
1	1	0	0	1	1	0	0	1	0
1	0	1	1	0	0	1	1	0	0
0	1	1	0	1	0	1	0	0	1
1	1	0	1	0	1	0	0	1	0

HARD #24

1	0	0	1	0	1	0	0	1	1
0	1	1	0	1	0	1	1	0	0
0	0	1	0	0	1	1	0	1	1
1	0	0	1	1	0	0	1	0	1
0	1	1	0	0	1	1	0	1	0
0	1	0	0	1	1	0	0	1	1
1	0	1	1	0	0	1	1	0	0
0	0	1	1	0	1	0	1	0	1
1	1	0	0	1	0	1	0	1	0
1	1	0	1	1	0	0	1	0	0

HARD #25

0	0	1	1	0	0	1	0	1	1
1	0	0	1	0	1	0	1	0	1
0	1	0	0	1	1	0	1	1	0
0	0	1	0	1	0	1	0	1	1
1	0	1	1	0	0	1	1	0	0
1	1	0	0	1	1	0	0	1	0
0	1	1	0	1	0	0	1	0	1
0	0	1	1	0	1	1	0	1	0
1	1	0	0	1	1	0	1	0	0
1	1	0	1	0	0	1	0	0	1

HARD #26

0	1	0	0	1	0	1	0	1	1
0	1	0	1	0	1	0	1	0	1
1	0	1	0	0	1	1	0	1	0
0	0	1	0	1	0	1	1	0	1
0	1	0	1	0	1	0	1	1	0
1	0	1	1	0	1	0	0	1	0
1	1	0	0	1	0	1	0	0	1
0	1	0	1	1	0	0	1	1	0
1	0	1	1	0	1	0	1	0	0
1	0	1	0	1	0	1	0	0	1

HARD #27

0	0	1	0	0	1	1	0	1	1
1	0	0	1	0	0	1	1	0	1
0	1	1	0	1	0	0	1	1	0
1	0	0	1	0	1	0	0	1	1
0	0	1	0	1	0	1	1	0	1
0	1	1	0	1	1	0	0	1	0
1	1	0	1	0	0	1	1	0	0
0	0	1	1	0	1	1	0	0	1
1	1	0	0	1	1	0	0	1	0
1	1	0	1	1	0	0	1	0	0

HARD #28

0	1	0	0	1	1	0	0	1	1
0	1	0	1	1	0	1	1	0	0
1	0	1	0	0	1	0	1	1	0
0	0	1	0	0	1	1	0	1	1
0	1	0	1	1	0	0	1	0	1
1	0	1	0	0	1	1	0	1	0
1	0	1	1	0	0	1	0	0	1
0	1	0	1	1	0	0	1	1	0
1	0	1	0	1	1	0	1	0	0
1	1	0	1	0	0	1	0	0	1

HARD #29

0	0	1	1	0	0	1	1	0	1
0	0	1	1	0	1	0	0	1	1
1	1	0	0	1	0	0	1	1	0
0	0	1	0	1	0	1	1	0	1
0	1	0	1	0	1	1	0	1	0
1	0	1	0	1	1	0	1	0	0
1	1	0	0	1	0	1	0	0	1
0	0	1	1	0	1	0	1	1	0
1	1	0	0	1	1	0	0	1	0
1	1	0	1	0	0	1	0	0	1

HARD #30

0	0	1	0	1	0	1	1	0	1
0	0	1	0	1	1	0	0	1	1
1	1	0	1	0	0	1	1	0	0
0	0	1	0	1	0	1	0	1	1
0	1	0	1	0	1	0	1	0	1
1	0	1	0	0	1	1	0	1	0
1	1	0	1	1	0	0	1	0	0
0	0	1	1	0	0	1	0	1	1
1	1	0	0	1	1	0	0	1	0
1	1	0	1	0	1	0	1	0	0

HARD #31

1	0	1	1	0	0	1	0	0	1
0	0	1	0	1	0	1	1	0	1
0	1	0	0	1	1	0	1	1	0
1	0	0	1	0	1	0	0	1	1
0	0	1	1	0	0	1	1	0	1
0	1	1	0	1	1	0	0	1	0
1	1	0	0	1	0	0	1	1	0
0	0	1	1	0	1	1	0	0	1
1	1	0	0	1	0	1	0	1	0
1	1	0	1	0	1	0	1	0	0

HARD #32

1	0	0	1	0	1	1	0	1	0
0	1	1	0	0	1	0	1	0	1
0	0	1	0	1	0	1	0	1	1
1	0	0	1	1	0	0	1	1	0
0	1	1	0	0	1	1	0	0	1
0	0	1	0	1	1	0	1	1	0
1	1	0	1	1	0	0	1	0	0
0	0	1	1	0	0	1	0	1	1
1	1	0	0	1	1	0	1	0	0
1	1	0	1	0	0	1	0	0	1

HARD #33

1	0	0	1	0	1	1	0	0	1
0	1	0	0	1	0	1	0	1	1
0	0	1	1	0	1	0	1	1	0
1	0	0	1	0	0	1	1	0	1
0	1	1	0	1	1	0	0	1	0
0	1	1	0	0	1	0	1	0	1
1	0	0	1	1	0	1	0	1	0
0	1	1	0	0	1	0	0	1	1
1	0	1	0	1	0	1	1	0	0
1	1	0	1	1	0	0	1	0	0

HARD #34

1	0	1	0	0	1	0	0	1	1
1	0	0	1	0	1	0	1	1	0
0	1	1	0	1	0	1	1	0	0
0	0	1	0	0	1	1	0	1	1
1	0	0	1	1	0	0	1	0	1
0	1	0	1	1	0	0	1	1	0
0	1	1	0	0	1	1	0	0	1
1	0	0	1	1	0	1	0	1	0
0	1	1	0	1	1	0	1	0	0
1	1	0	1	0	0	1	0	0	1

HARD #35

0	0	1	0	1	1	0	0	1	1
1	1	0	1	0	0	1	0	0	1
0	0	1	0	1	1	0	1	1	0
0	0	1	0	1	0	1	1	0	1
1	1	0	1	0	0	1	0	1	0
1	0	0	1	0	1	0	0	1	1
0	1	1	0	1	0	1	1	0	0
0	0	1	1	0	0	1	0	1	1
1	1	0	0	1	1	0	1	0	0
1	1	0	1	0	1	0	1	0	0

HARD #36

0	0	1	0	0	1	1	0	1	1
0	0	1	0	1	1	0	0	1	1
1	1	0	1	0	0	1	1	0	0
0	0	1	1	0	0	1	0	1	1
0	1	0	0	1	1	0	1	0	1
1	0	1	0	1	0	1	0	1	0
1	1	0	1	0	1	0	1	0	0
0	1	0	1	0	0	1	0	1	1
1	0	1	0	1	1	0	1	0	0
1	1	0	1	1	0	0	1	0	0

HARD #37

1	0	0	1	0	1	0	1	0	1
1	0	0	1	0	0	1	1	0	1
0	1	1	0	1	1	0	0	1	0
0	0	1	0	0	1	1	0	1	1
1	0	0	1	1	0	0	1	0	1
0	1	1	0	1	0	0	1	1	0
0	1	0	1	0	1	1	0	1	0
1	0	1	0	1	0	1	0	0	1
0	1	1	0	1	1	0	1	0	0
1	1	0	1	0	0	1	0	1	0

HARD #38

0	1	0	0	1	0	1	0	1	1
0	1	0	1	0	1	0	1	0	1
1	0	1	0	1	0	0	1	1	0
0	0	1	1	0	1	1	0	0	1
0	1	0	1	0	1	1	0	1	0
1	0	1	0	1	0	0	1	0	1
1	0	0	1	0	1	0	1	1	0
0	1	1	0	0	1	1	0	0	1
1	0	1	0	1	0	1	0	1	0
1	1	0	1	1	0	0	1	0	0

HARD #39

0	1	0	0	1	1	0	1	1	0
1	0	1	0	0	1	1	0	1	0
0	0	1	1	0	0	1	1	0	1
0	1	0	0	1	1	0	0	1	1
1	0	1	0	1	0	1	1	0	0
0	0	1	1	0	1	0	1	0	1
1	1	0	1	0	0	1	0	1	0
0	0	1	0	1	1	0	0	1	1
1	1	0	1	1	0	0	1	0	0
1	1	0	1	0	0	1	0	0	1

HARD #40

0	0	1	0	0	1	1	0	1	1
0	1	0	0	1	1	0	0	1	1
1	0	0	1	1	0	1	1	0	0
0	0	1	1	0	0	1	0	1	1
1	1	0	0	1	1	0	1	0	0
0	0	1	0	1	1	0	1	0	1
1	1	0	1	0	0	1	0	1	0
1	0	1	1	0	1	0	0	1	0
0	1	1	0	1	0	0	1	0	1
1	1	0	1	0	0	1	1	0	0

HARD #41

1	0	0	1	1	0	1	0	0	1
0	1	1	0	0	1	0	1	1	0
0	0	1	0	0	1	1	0	1	1
1	0	0	1	1	0	1	1	0	0
0	1	1	0	0	1	0	1	0	1
0	0	1	0	1	0	1	0	1	1
1	1	0	1	1	0	0	1	0	0
0	0	1	1	0	1	0	1	1	0
1	1	0	0	1	0	1	0	0	1
1	1	0	1	0	1	0	0	1	0

HARD #42

0	1	0	0	1	0	1	1	0	1
1	0	1	0	0	1	0	1	1	0
0	0	1	1	0	0	1	0	1	1
0	1	0	0	1	1	0	1	0	1
1	0	1	0	1	0	1	0	1	0
0	0	1	1	0	1	1	0	0	1
1	1	0	1	0	1	0	1	0	0
0	0	1	0	1	0	1	0	1	1
1	1	0	1	0	1	0	0	1	0
1	1	0	1	1	0	0	1	0	0

HARD #43

0	0	1	1	0	1	0	1	1	0
0	0	1	0	0	1	1	0	1	1
1	1	0	0	1	0	1	1	0	0
0	0	1	1	0	1	0	0	1	1
0	1	1	0	1	0	0	1	0	1
1	0	0	1	0	1	1	0	1	0
1	1	0	0	1	0	0	1	0	1
0	1	1	0	0	1	1	0	0	1
1	0	0	1	1	0	1	0	1	0
1	1	0	1	1	0	0	1	0	0

HARD #44

0	0	1	0	0	1	1	0	1	1
0	0	1	0	1	0	1	0	1	1
1	1	0	1	0	1	0	1	0	0
0	0	1	0	1	1	0	1	0	1
0	1	0	1	0	0	1	0	1	1
1	1	0	1	1	0	0	1	0	0
1	0	1	0	1	1	0	1	0	0
0	0	1	1	0	0	1	0	1	1
1	1	0	0	1	1	0	0	1	0
1	1	0	1	0	0	1	1	0	0

HARD #45

0	0	1	1	0	0	1	0	1	1
0	0	1	0	0	1	1	0	1	1
1	1	0	1	1	0	0	1	0	0
1	0	0	1	0	0	1	0	1	1
0	0	1	0	1	1	0	1	0	1
0	1	1	0	1	0	1	1	0	0
1	1	0	1	0	1	0	0	1	0
0	0	1	0	1	0	1	1	0	1
1	1	0	0	1	1	0	0	1	0
1	1	0	1	0	1	0	1	0	0

HARD #46

1	0	1	0	0	1	1	0	1	0
0	0	1	1	0	0	1	1	0	1
0	1	0	0	1	1	0	1	1	0
1	0	1	0	1	0	1	0	0	1
0	0	1	1	0	1	0	1	0	1
0	1	0	1	0	1	1	0	1	0
1	1	0	0	1	0	0	1	0	1
0	0	1	0	1	0	1	0	1	1
1	1	0	1	0	1	0	0	1	0
1	1	0	1	1	0	0	1	0	0

HARD #47

1	1	0	0	1	0	1	1	0	0
1	0	0	1	0	1	0	0	1	1
0	0	1	0	1	0	1	1	0	1
0	1	0	0	1	1	0	1	1	0
1	0	1	1	0	1	0	0	1	0
0	0	1	1	0	0	1	1	0	1
0	1	0	0	1	0	1	0	1	1
1	0	1	1	0	1	0	1	0	0
0	1	1	0	1	1	0	0	1	0
1	1	0	1	0	0	1	0	0	1

HARD #48

0	0	1	0	0	1	1	0	1	1
1	0	1	1	0	0	1	0	0	1
0	1	0	0	1	1	0	1	1	0
1	0	0	1	1	0	0	1	0	1
0	0	1	1	0	0	1	0	1	1
0	1	1	0	1	1	0	1	0	0
1	1	0	0	1	0	0	1	1	0
0	0	1	1	0	1	1	0	0	1
1	1	0	1	0	1	0	1	0	0
1	1	0	0	1	0	1	0	1	0

HARD #49

0	0	1	0	1	0	1	0	1	1
0	1	0	0	1	0	1	0	1	1
1	0	1	1	0	1	0	1	0	0
0	0	1	0	1	0	1	1	0	1
0	1	0	1	0	1	0	0	1	1
1	0	1	1	0	1	0	0	1	0
1	1	0	0	1	0	1	1	0	0
0	0	1	0	0	1	1	0	1	1
1	1	0	1	0	1	0	1	0	0
1	1	0	1	1	0	0	1	0	0

HARD #50

0	0	1	0	0	1	1	0	1	1
0	0	1	1	0	1	0	1	1	0
1	1	0	0	1	0	0	1	0	1
1	0	0	1	0	1	1	0	1	0
0	0	1	0	1	0	1	0	1	1
0	1	1	0	1	1	0	1	0	0
1	1	0	1	0	0	1	1	0	0
0	0	1	0	1	1	0	0	1	1
1	1	0	1	1	0	0	1	0	0
1	1	0	1	0	0	1	0	0	1

HARD #51

0	0	1	0	1	0	1	1	0	1
0	0	1	0	0	1	1	0	1	1
1	1	0	1	1	0	0	1	0	0
0	0	1	1	0	1	0	1	1	0
0	1	0	0	1	0	1	0	1	1
1	1	0	1	0	0	1	1	0	0
1	0	1	0	1	1	0	0	1	0
0	1	0	1	1	0	1	0	0	1
1	1	0	1	0	1	0	1	0	0
1	0	1	0	0	1	0	0	1	1

HARD #52

1	0	0	1	0	0	1	1	0	1
0	1	1	0	1	1	0	0	1	0
0	1	0	0	1	1	0	1	1	0
1	0	1	1	0	0	1	0	0	1
0	0	1	0	0	1	1	0	1	1
0	1	0	1	1	0	0	1	1	0
1	0	1	0	0	1	1	0	0	1
0	0	1	0	1	1	0	0	1	1
1	1	0	1	0	0	1	1	0	0
1	1	0	1	1	0	0	1	0	0

HARD #53

1	0	0	1	0	1	0	0	1	1
1	0	0	1	0	0	1	1	0	1
0	1	1	0	1	1	0	1	0	0
0	0	1	0	0	1	1	0	1	1
1	0	0	1	1	0	0	1	1	0
0	1	1	0	0	1	0	1	0	1
0	1	0	1	1	0	1	0	1	0
1	0	1	1	0	1	0	1	0	0
0	1	1	0	1	0	1	0	0	1
1	1	0	0	1	0	1	0	1	0

HARD #54

0	1	0	0	1	1	0	1	0	1
0	0	1	0	0	1	1	0	1	1
1	0	1	1	0	0	1	0	1	0
0	1	0	1	1	0	0	1	0	1
0	0	1	0	1	1	0	1	0	1
1	0	1	0	0	1	1	0	1	0
1	1	0	1	1	0	0	1	0	0
0	0	1	1	0	0	1	1	0	1
1	1	0	0	1	1	0	0	1	0
1	1	0	1	0	0	1	0	1	0

HARD #55

1	0	0	1	0	0	1	0	1	1
1	0	1	0	0	1	1	0	0	1
0	1	0	0	1	1	0	1	1	0
0	0	1	1	0	0	1	1	0	1
1	0	1	0	1	0	1	0	1	0
0	1	0	0	1	1	0	1	0	1
0	1	0	1	0	1	0	1	1	0
1	0	1	1	0	0	1	0	0	1
0	1	1	0	1	1	0	0	1	0
1	1	0	1	1	0	0	1	0	0

HARD #56

0	0	1	0	1	0	1	1	0	1
0	0	1	0	1	1	0	0	1	1
1	1	0	1	0	0	1	1	0	0
0	0	1	0	1	0	1	0	1	1
0	1	0	1	0	1	0	1	0	1
1	0	1	0	1	0	1	0	1	0
1	1	0	1	0	1	0	0	1	0
0	0	1	1	0	0	1	1	0	1
1	1	0	0	1	1	0	0	1	0
1	1	0	1	0	1	0	1	0	0

HARD #57

0	1	0	0	1	0	1	1	0	1
0	0	1	0	1	0	1	0	1	1
1	0	1	1	0	1	0	0	1	0
0	1	0	1	0	0	1	1	0	1
0	0	1	0	1	1	0	0	1	1
1	0	1	0	1	0	1	1	0	0
1	1	0	1	0	1	0	0	1	0
0	0	1	0	0	1	1	0	1	1
1	1	0	1	1	0	0	1	0	0
1	1	0	1	0	1	0	1	0	0

HARD #58

0	0	1	0	0	1	1	0	1	1
1	1	0	1	0	0	1	0	0	1
0	0	1	0	1	1	0	1	1	0
1	0	0	1	1	0	0	1	1	0
0	1	1	0	0	1	1	0	0	1
0	0	1	0	1	1	0	0	1	1
1	1	0	1	1	0	0	1	0	0
0	0	1	1	0	0	1	0	1	1
1	1	0	0	1	1	0	1	0	0
1	1	0	1	0	0	1	1	0	0

HARD #59

0	0	1	0	1	0	1	0	1	1
0	1	1	0	0	1	0	1	1	0
1	0	0	1	0	0	1	1	0	1
0	1	1	0	1	1	0	0	1	0
0	0	1	1	0	1	0	1	0	1
1	0	0	1	1	0	1	0	1	0
1	1	0	0	1	1	0	1	0	0
0	0	1	0	0	1	1	0	1	1
1	1	0	1	0	0	1	0	0	1
1	1	0	1	1	0	0	1	0	0

HARD #60

1	0	1	0	0	1	0	1	0	1
0	0	1	0	0	1	1	0	1	1
0	1	0	1	1	0	0	1	1	0
1	0	1	0	1	0	1	0	0	1
0	0	1	1	0	1	1	0	1	0
0	1	0	0	1	1	0	1	0	1
1	1	0	1	0	0	1	1	0	0
0	0	1	0	1	1	0	0	1	1
1	1	0	1	1	0	0	1	0	0
1	1	0	1	0	0	1	0	1	0

HARD #61

1	0	0	1	0	0	1	0	1	1
0	1	1	0	0	1	1	0	1	0
0	0	1	0	1	1	0	1	0	1
1	0	0	1	1	0	1	0	0	1
0	1	1	0	0	1	0	1	1	0
0	0	1	1	0	0	1	0	1	1
1	1	0	0	1	1	0	1	0	0
0	0	1	0	1	0	1	0	1	1
1	1	0	1	0	1	0	1	0	0
1	1	0	1	1	0	0	1	0	0

HARD #62

0	0	1	0	1	1	0	1	1	0
0	1	0	0	1	0	1	1	0	1
1	0	1	1	0	1	0	0	1	0
0	0	1	0	1	0	1	1	0	1
0	1	0	1	0	0	1	1	0	1
1	0	1	0	1	1	0	0	1	0
1	1	0	1	0	0	1	0	0	1
0	0	1	1	0	1	0	1	0	1
1	1	0	0	1	0	1	0	1	0
1	1	0	1	0	1	0	0	1	0

HARD #63

0	1	0	0	1	0	1	0	1	1
0	0	1	0	1	0	1	0	1	1
1	0	1	1	0	1	0	1	0	0
0	1	0	1	0	0	1	1	0	1
1	0	1	0	1	1	0	0	1	0
0	0	1	0	0	1	1	0	1	1
1	1	0	1	1	0	0	1	0	0
0	0	1	0	1	1	0	1	0	1
1	1	0	1	0	0	1	0	1	0
1	1	0	1	0	1	0	1	0	0

HARD #64

0	0	1	0	0	1	1	0	1	1
1	0	0	1	1	0	1	0	0	1
0	1	1	0	0	1	0	1	1	0
0	0	1	0	1	0	1	0	1	1
1	0	0	1	1	0	0	1	0	1
0	1	1	0	0	1	1	0	1	0
1	1	0	1	1	0	0	1	0	0
0	0	1	1	0	0	1	1	0	1
1	1	0	0	1	1	0	0	1	0
1	1	0	1	0	1	0	1	0	0

HARD #65

1	1	0	0	1	0	0	1	1	0
0	0	1	0	0	1	1	0	1	1
0	0	1	1	0	0	1	1	0	1
1	1	0	0	1	1	0	0	1	0
0	0	1	1	0	1	0	1	0	1
0	0	1	0	1	0	1	0	1	1
1	1	0	1	0	1	0	1	0	0
0	1	0	1	0	1	1	0	0	1
1	0	1	0	1	0	1	0	1	0
1	1	0	1	1	0	0	1	0	0

HARD #66

0	0	1	0	1	0	1	0	1	1
0	0	1	0	0	1	1	0	1	1
1	1	0	1	1	0	0	1	0	0
0	0	1	0	1	0	1	1	0	1
1	0	1	1	0	1	0	0	1	0
0	1	0	0	1	0	1	1	0	1
1	1	0	1	0	1	0	0	1	0
1	0	1	0	0	1	0	0	1	1
0	1	0	1	1	0	1	1	0	0
1	1	0	1	0	1	0	1	0	0

HARD #67

1	0	0	1	0	0	1	1	0	1
0	0	1	0	1	1	0	0	1	1
0	1	1	0	0	1	0	1	1	0
1	0	0	1	1	0	1	1	0	0
0	1	0	0	1	0	1	0	1	1
0	0	1	1	0	1	0	1	0	1
1	1	0	0	1	0	1	0	1	0
0	1	1	0	1	1	0	1	0	0
1	0	1	1	0	0	1	0	0	1
1	1	0	1	0	1	0	0	1	0

HARD #68

0	0	1	0	0	1	1	0	1	1
0	0	1	0	1	1	0	0	1	1
1	1	0	1	0	0	1	1	0	0
0	0	1	0	1	1	0	1	1	0
0	1	0	1	0	0	1	0	1	1
1	0	1	0	1	0	0	1	0	1
1	1	0	1	0	1	0	1	0	0
0	0	1	1	0	1	1	0	1	0
1	1	0	0	1	0	1	0	0	1
1	1	0	1	1	0	0	1	0	0

HARD #69

0	1	0	0	1	1	0	1	1	0
1	0	1	0	0	1	0	1	0	1
0	1	0	1	1	0	1	0	0	1
0	0	1	1	0	1	1	0	1	0
1	0	1	0	0	1	0	1	1	0
0	1	0	0	1	0	1	1	0	1
1	0	1	1	0	0	1	0	1	0
0	0	1	0	1	1	0	0	1	1
1	1	0	1	1	0	0	1	0	0
1	1	0	1	0	0	1	0	0	1

HARD #70

1	0	0	1	0	0	1	0	1	1
0	0	1	1	0	0	1	1	0	1
0	1	0	0	1	1	0	1	1	0
1	0	1	0	0	1	0	0	1	1
0	1	0	1	1	0	1	1	0	0
0	1	1	0	0	1	1	0	0	1
1	0	1	0	1	1	0	0	1	0
1	0	0	1	0	0	1	1	0	1
0	1	1	0	1	1	0	0	1	0
1	1	0	1	1	0	0	1	0	0

HARD #71

0	0	1	0	1	1	0	1	1	0
0	0	1	0	1	0	1	1	0	1
1	1	0	1	0	1	0	0	1	0
0	0	1	1	0	0	1	0	1	1
0	1	0	0	1	1	0	1	0	1
1	0	1	0	0	1	1	0	1	0
1	1	0	1	0	0	1	1	0	0
0	0	1	0	1	1	0	0	1	1
1	1	0	1	0	0	1	0	0	1
1	1	0	1	1	0	0	1	0	0

HARD #72

1	1	0	1	0	0	1	0	0	1
0	1	0	0	1	1	0	1	1	0
0	0	1	0	0	1	1	0	1	1
1	0	0	1	1	0	0	1	0	1
0	1	1	0	1	0	0	1	1	0
0	0	1	1	0	1	1	0	0	1
1	0	0	1	0	1	0	1	1	0
0	1	1	0	1	0	1	0	0	1
1	0	1	0	0	1	1	0	1	0
1	1	0	1	1	0	0	1	0	0

HARD #73

0	0	1	0	0	1	1	0	1	1
1	0	0	1	0	1	0	1	1	0
0	1	1	0	1	0	1	0	0	1
0	0	1	1	0	1	0	1	1	0
1	0	0	1	1	0	0	1	1	0
0	1	1	0	0	1	1	0	0	1
1	1	0	0	1	0	0	1	0	1
0	0	1	1	0	1	1	0	1	0
1	1	0	0	1	0	1	0	0	1
1	1	0	1	1	0	0	1	0	0

HARD #74

0	1	0	0	1	1	0	0	1	1
0	0	1	0	0	1	1	0	1	1
1	0	1	1	0	0	1	1	0	0
0	1	0	0	1	1	0	1	1	0
0	0	1	1	0	0	1	0	1	1
1	0	1	0	1	1	0	1	0	0
1	1	0	1	0	0	1	1	0	0
0	0	1	0	1	1	0	0	1	1
1	1	0	1	0	0	1	0	0	1
1	1	0	1	1	0	0	1	0	0

HARD #75

0	0	1	0	0	1	1	0	1	1
0	0	1	0	1	1	0	0	1	1
1	1	0	1	0	0	1	1	0	0
0	0	1	0	1	0	1	1	0	1
0	1	0	1	0	1	0	0	1	1
1	0	1	1	0	0	1	0	1	0
1	1	0	0	1	1	0	1	0	0
0	1	0	1	1	0	0	1	0	1
1	0	1	0	0	1	1	0	1	0
1	1	0	1	1	0	0	1	0	0

HARD #76

0	1	1	0	0	1	0	0	1	1
0	0	1	0	1	0	1	1	0	1
1	1	0	1	0	1	0	0	1	0
0	0	1	0	0	1	1	0	1	1
0	1	0	1	1	0	1	1	0	0
1	0	0	1	0	1	0	0	1	1
1	0	1	0	1	0	1	1	0	0
0	1	0	0	1	0	1	0	1	1
1	0	1	1	0	1	0	1	0	0
1	1	0	1	1	0	0	1	0	0

HARD #77

0	0	1	0	1	0	1	1	0	1
0	0	1	0	1	0	1	0	1	1
1	1	0	1	0	1	0	1	0	0
0	0	1	0	0	1	1	0	1	1
0	1	0	1	1	0	0	1	0	1
1	0	1	0	0	1	1	0	1	0
1	1	0	1	1	0	0	1	0	0
0	0	1	1	0	1	0	0	1	1
1	1	0	0	1	0	1	1	0	0
1	1	0	1	0	1	0	0	1	0

HARD #78

1	0	0	1	0	0	1	1	0	1
0	0	1	0	1	1	0	1	1	0
0	1	1	0	1	0	1	0	0	1
1	0	0	1	0	1	0	1	1	0
0	0	1	0	1	0	1	0	1	1
0	1	1	0	1	1	0	1	0	0
1	1	0	1	0	0	1	0	1	0
0	0	1	1	0	1	0	1	0	1
1	1	0	0	1	0	1	0	0	1
1	1	0	1	0	1	0	0	1	0

HARD #79

1	0	0	1	0	0	1	0	1	1
1	0	0	1	1	0	0	1	0	1
0	1	1	0	0	1	1	0	1	0
0	0	1	0	1	0	1	1	0	1
1	0	0	1	0	1	0	0	1	1
0	1	1	0	0	1	0	1	1	0
1	1	0	0	1	0	1	1	0	0
0	0	1	1	0	1	1	0	0	1
0	1	1	0	1	1	0	0	1	0
1	1	0	1	1	0	0	1	0	0

HARD #80

1	1	0	0	1	1	0	1	0	0
0	0	1	0	0	1	1	0	1	1
1	0	0	1	0	0	1	1	0	1
0	1	0	0	1	1	0	1	1	0
1	0	1	1	0	1	0	0	1	0
1	0	0	1	1	0	1	0	0	1
0	1	1	0	1	0	0	1	1	0
0	0	1	1	0	1	0	0	1	1
1	1	0	1	0	0	1	0	0	1
0	1	1	0	1	0	1	1	0	0

HARD #81

0	0	1	0	1	0	1	0	1	1
0	0	1	1	0	1	0	1	0	1
1	1	0	1	0	1	0	0	1	0
0	0	1	0	1	0	1	1	0	1
1	0	0	1	0	1	1	0	1	0
0	1	1	0	0	1	0	1	1	0
1	1	0	0	1	0	1	0	0	1
1	0	1	1	0	0	1	1	0	0
0	1	0	0	1	1	0	0	1	1
1	1	0	1	1	0	0	1	0	0

HARD #82

1	0	0	1	0	0	1	0	1	1
0	0	1	1	0	0	1	1	0	1
0	1	1	0	1	1	0	0	1	0
1	1	0	0	1	1	0	1	0	0
0	0	1	1	0	0	1	0	1	1
0	0	1	0	1	0	1	1	0	1
1	1	0	1	0	1	0	0	1	0
0	0	1	0	1	1	0	0	1	1
1	1	0	0	1	0	1	1	0	0
1	1	0	1	0	1	0	1	0	0

HARD #83

0	0	1	0	1	0	1	0	1	1
0	0	1	0	0	1	1	0	1	1
1	1	0	1	1	0	0	1	0	0
0	0	1	1	0	0	1	0	1	1
0	1	0	0	1	1	0	1	0	1
1	0	1	0	1	0	1	1	0	0
1	1	0	1	0	1	0	0	1	0
0	1	0	0	1	0	1	1	0	1
1	0	1	1	0	1	0	0	1	0
1	1	0	1	0	1	0	1	0	0

HARD #84

0	1	0	0	1	0	1	0	1	1
0	0	1	1	0	0	1	0	1	1
1	0	1	0	1	1	0	1	0	0
0	1	0	0	1	0	1	1	0	1
0	0	1	1	0	1	0	0	1	1
1	1	0	0	1	0	1	0	1	0
1	0	1	1	0	1	0	1	0	0
0	0	1	0	0	1	1	0	1	1
1	1	0	1	1	0	0	1	0	0
1	1	0	1	0	1	0	1	0	0

HARD #85

0	1	1	0	0	1	1	0	0	1
0	0	1	1	0	1	0	1	1	0
1	0	0	1	1	0	0	1	0	1
0	1	1	0	0	1	1	0	1	0
0	0	1	0	1	0	1	0	1	1
1	0	0	1	0	1	0	1	0	1
1	1	0	0	1	0	1	0	1	0
0	0	1	0	1	0	1	1	0	1
1	1	0	1	0	1	0	0	1	0
1	1	0	1	1	0	0	1	0	0

HARD #86

1	0	1	0	0	1	1	0	1	0
0	1	0	0	1	0	1	0	1	1
0	0	1	1	0	1	0	1	0	1
1	0	1	1	0	0	1	0	1	0
0	1	0	0	1	0	1	1	0	1
0	0	1	0	1	1	0	1	0	1
1	1	0	1	0	1	0	0	1	0
0	0	1	0	1	0	1	0	1	1
1	1	0	1	1	0	0	1	0	0
1	1	0	1	0	1	0	1	0	0

HARD #87

0	0	1	0	1	1	0	1	1	0
1	0	0	1	0	0	1	0	1	1
0	1	1	0	1	1	0	1	0	0
0	0	1	0	0	1	1	0	1	1
1	0	0	1	1	0	1	0	1	0
0	1	1	0	0	1	0	1	0	1
1	1	0	1	1	0	0	1	0	0
0	0	1	1	0	0	1	0	1	1
1	1	0	0	1	1	0	1	0	0
1	1	0	1	0	0	1	0	0	1

HARD #88

0	1	0	0	1	0	1	0	1	1
1	0	0	1	0	0	1	1	0	1
0	0	1	0	1	1	0	1	1	0
0	1	0	0	1	1	0	0	1	1
1	0	1	1	0	0	1	0	0	1
0	0	1	1	0	1	0	1	1	0
1	1	0	0	1	0	1	1	0	0
0	1	1	0	1	0	1	0	0	1
1	0	1	1	0	1	0	0	1	0
1	1	0	1	0	1	0	1	0	0

HARD #89

0	0	1	0	0	1	1	0	1	1
0	0	1	0	1	1	0	0	1	1
1	1	0	1	1	0	0	1	0	0
0	0	1	1	0	0	1	1	0	1
0	1	0	0	1	1	0	0	1	1
1	0	1	0	1	0	1	1	0	0
1	1	0	1	0	1	0	0	1	0
0	0	1	0	1	0	1	0	1	1
1	1	0	1	0	0	1	1	0	0
1	1	0	1	0	1	0	1	0	0

HARD #90

0	0	1	0	0	1	1	0	1	1
1	0	0	1	0	1	1	0	0	1
0	1	1	0	1	0	0	1	1	0
1	0	0	1	0	0	1	0	1	1
0	0	1	0	1	1	0	1	0	1
0	1	1	0	1	1	0	0	1	0
1	1	0	1	0	0	1	1	0	0
0	0	1	1	0	0	1	0	1	1
1	1	0	0	1	1	0	1	0	0
1	1	0	1	1	0	0	1	0	0

HARD #91

0	0	1	0	0	1	1	0	1	1
0	0	1	1	0	0	1	1	0	1
1	1	0	0	1	1	0	0	1	0
1	0	0	1	1	0	0	1	0	1
0	0	1	1	0	0	1	0	1	1
0	1	1	0	1	1	0	1	0	0
1	1	0	0	1	0	0	1	1	0
0	0	1	1	0	1	1	0	0	1
1	1	0	0	1	0	1	0	1	0
1	1	0	1	0	1	0	1	0	0

HARD #92

0	0	1	0	1	0	1	0	1	1
0	0	1	0	0	1	1	0	1	1
1	1	0	1	0	1	0	1	0	0
0	0	1	0	1	0	1	1	0	1
0	1	0	1	0	1	0	0	1	1
1	0	1	1	0	0	1	0	1	0
1	1	0	0	1	1	0	1	0	0
0	0	1	0	1	1	0	0	1	1
1	1	0	1	0	0	1	1	0	0
1	1	0	1	1	0	0	1	0	0

HARD #93

0	0	1	0	0	1	1	0	1	1
0	0	1	1	0	0	1	0	1	1
1	1	0	0	1	1	0	1	0	0
0	0	1	0	1	1	0	1	1	0
0	1	0	1	0	0	1	0	1	1
1	0	1	0	1	1	0	1	0	0
1	1	0	1	0	0	1	1	0	0
0	0	1	0	1	1	0	0	1	1
1	1	0	1	1	0	0	1	0	0
1	1	0	1	0	0	1	0	0	1

HARD #94

1	0	1	0	0	1	1	0	0	1
0	1	0	0	1	1	0	1	1	0
0	0	1	1	0	0	1	0	1	1
1	0	0	1	1	0	0	1	0	1
0	1	1	0	0	1	1	0	1	0
0	1	0	0	1	0	1	1	0	1
1	0	1	1	0	1	0	0	1	0
0	1	0	1	1	0	1	0	0	1
1	1	0	0	1	0	0	1	1	0
1	0	1	1	0	1	0	1	0	0

HARD #95

0	0	1	0	0	1	1	0	1	1
0	0	1	1	0	0	1	0	1	1
1	1	0	0	1	1	0	1	0	0
1	0	0	1	1	0	0	1	0	1
0	0	1	1	0	1	1	0	1	0
1	1	0	0	1	0	0	1	0	1
0	1	1	0	1	0	0	1	1	0
0	0	1	1	0	1	1	0	0	1
1	1	0	0	1	0	1	0	1	0
1	1	0	1	0	1	0	1	0	0

HARD #96

1	0	0	1	0	0	1	0	1	1
0	0	1	0	1	1	0	1	0	1
0	1	0	0	1	1	0	1	1	0
1	0	1	1	0	0	1	0	1	0
0	1	0	1	0	0	1	1	0	1
0	1	0	0	1	1	0	1	0	1
1	0	1	1	0	1	0	0	1	0
0	1	1	0	1	0	1	0	0	1
1	1	0	1	1	0	0	1	0	0
1	0	1	0	0	1	1	0	1	0

HARD #97

0	0	1	1	0	1	0	1	0	1
0	0	1	0	0	1	1	0	1	1
1	1	0	0	1	0	0	1	1	0
0	0	1	1	0	1	1	0	0	1
0	1	0	0	1	1	0	1	1	0
1	0	1	0	1	0	1	0	1	0
1	1	0	1	0	0	1	0	0	1
0	0	1	0	1	1	0	1	0	1
1	1	0	1	0	0	1	0	1	0
1	1	0	1	1	0	0	1	0	0

HARD #98

0	0	1	0	0	1	1	0	1	1
0	0	1	0	1	0	1	1	0	1
1	1	0	1	0	1	0	0	1	0
0	0	1	1	0	1	0	1	0	1
1	1	0	0	1	0	1	1	0	0
0	1	0	0	1	0	1	0	1	1
1	0	1	1	0	1	0	0	1	0
1	1	0	0	1	0	0	1	0	1
0	1	0	1	1	0	1	0	1	0
1	0	1	1	0	1	0	1	0	0

HARD #99

0	1	0	0	1	0	1	1	0	1
0	0	1	0	1	1	0	1	1	0
1	0	0	1	0	1	1	0	0	1
0	1	0	1	1	0	0	1	1	0
0	0	1	0	1	1	0	0	1	1
1	1	0	1	0	0	1	1	0	0
1	0	1	1	0	1	0	0	1	0
0	1	1	0	1	0	0	1	0	1
1	1	0	1	0	0	1	0	0	1
1	0	1	0	0	1	1	0	1	0

HARD #100

1	1	0	0	1	1	0	0	1	0
0	0	1	0	1	0	1	1	0	1
0	1	0	1	0	1	0	1	0	1
1	0	1	0	0	1	1	0	1	0
0	1	0	1	1	0	0	1	0	1
0	0	1	0	0	1	1	0	1	1
1	0	0	1	1	0	1	0	1	0
0	1	1	0	0	1	0	1	0	1
1	1	0	1	1	0	0	1	0	0
1	0	1	1	0	0	1	0	1	0

HARD #101

0	1	0	1	0	1	1	0	0	1
1	0	1	0	0	1	0	1	1	0
0	0	1	0	1	0	1	0	1	1
0	1	0	1	0	0	1	1	0	1
1	0	1	0	1	1	0	0	1	0
1	0	0	1	0	0	1	0	1	1
0	1	1	0	1	1	0	1	0	0
0	0	1	0	1	1	0	0	1	1
1	1	0	1	0	0	1	1	0	0
1	1	0	1	1	0	0	1	0	0

HARD #102

0	1	0	0	1	0	1	1	0	1
0	0	1	0	0	1	1	0	1	1
1	0	0	1	1	0	0	1	1	0
0	1	0	0	1	1	0	1	0	1
0	0	1	1	0	1	1	0	0	1
1	0	1	0	1	0	1	0	1	0
1	1	0	1	0	1	0	1	0	0
0	1	1	0	1	0	0	1	0	1
1	0	1	1	0	0	1	0	1	0
1	1	0	1	0	1	0	0	1	0

HARD #103

1	0	0	1	0	1	1	0	0	1
0	0	1	0	0	1	1	0	1	1
0	1	1	0	1	0	0	1	1	0
1	0	0	1	0	1	0	1	0	1
0	0	1	0	1	0	1	0	1	1
0	1	1	0	1	0	1	1	0	0
1	1	0	1	0	1	0	0	1	0
0	0	1	1	0	0	1	1	0	1
1	1	0	0	1	1	0	0	1	0
1	1	0	1	1	0	0	1	0	0

HARD #104

1	0	1	0	0	1	0	1	0	1
0	0	1	0	0	1	1	0	1	1
0	1	0	1	1	0	0	1	1	0
1	0	1	0	1	0	1	1	0	0
0	0	1	1	0	1	0	0	1	1
0	1	0	1	1	0	1	1	0	0
1	1	0	0	1	0	1	0	1	0
0	0	1	1	0	1	0	1	0	1
1	1	0	0	1	0	1	0	0	1
1	1	0	1	0	1	0	0	1	0

HARD #105

0	0	1	0	1	1	0	1	0	1
0	0	1	1	0	0	1	0	1	1
1	1	0	0	1	0	1	1	0	0
0	0	1	0	1	1	0	1	1	0
0	1	0	1	0	1	1	0	0	1
1	0	1	0	1	0	0	1	0	1
1	1	0	1	0	0	1	0	1	0
0	1	0	0	1	1	0	0	1	1
1	0	1	1	0	0	1	1	0	0
1	1	0	1	0	1	0	0	1	0

HARD #106

0	1	0	0	1	0	1	0	1	1
0	0	1	0	0	1	1	0	1	1
1	0	1	1	0	1	0	1	0	0
0	1	0	0	1	0	1	1	0	1
0	0	1	1	0	1	0	0	1	1
1	0	1	0	1	0	1	0	1	0
1	1	0	1	0	1	0	1	0	0
0	0	1	0	1	0	1	1	0	1
1	1	0	1	0	1	0	0	1	0
1	1	0	1	1	0	0	1	0	0

HARD #107

1	0	0	1	0	0	1	1	0	1
0	0	1	0	1	1	0	1	1	0
0	1	1	0	0	1	1	0	0	1
1	0	0	1	1	0	0	1	1	0
0	0	1	1	0	1	0	0	1	1
0	1	1	0	1	0	1	1	0	0
1	1	0	0	1	0	1	0	0	1
0	0	1	1	0	1	0	1	1	0
1	1	0	0	1	1	0	0	1	0
1	1	0	1	0	0	1	0	0	1

HARD #108

0	1	0	0	1	0	1	1	0	1
0	1	0	0	1	0	1	0	1	1
1	0	1	1	0	1	0	0	1	0
0	0	1	0	1	0	1	1	0	1
0	1	0	1	0	1	0	0	1	1
1	0	1	0	1	1	0	0	1	0
1	0	1	1	0	0	1	1	0	0
0	1	0	1	0	0	1	0	1	1
1	1	0	0	1	1	0	1	0	0
1	0	1	1	0	1	0	1	0	0

HARD #109

0	0	1	0	0	1	1	0	1	1
0	0	1	0	1	0	1	1	0	1
1	1	0	1	0	1	0	1	0	0
0	0	1	0	1	0	1	0	1	1
0	1	0	1	1	0	0	1	0	1
1	1	0	1	0	1	0	0	1	0
1	0	1	0	1	0	1	1	0	0
0	0	1	1	0	1	0	0	1	1
1	1	0	0	1	1	0	0	1	0
1	1	0	1	0	0	1	1	0	0

HARD #110

0	1	0	0	1	0	1	0	1	1
0	0	1	1	0	0	1	1	0	1
1	0	0	1	0	1	0	1	1	0
0	1	0	0	1	1	0	0	1	1
1	0	1	0	1	0	1	1	0	0
0	0	1	1	0	1	1	0	0	1
1	1	0	0	1	0	0	1	1	0
0	1	1	0	0	1	1	0	0	1
1	0	1	1	0	1	0	0	1	0
1	1	0	1	1	0	0	1	0	0

HARD #111

0	0	1	0	0	1	1	0	1	1
0	0	1	0	1	0	1	0	1	1
1	1	0	1	1	0	0	1	0	0
0	0	1	1	0	1	0	1	0	1
0	1	0	0	1	0	1	0	1	1
1	0	1	0	1	0	1	1	0	0
1	1	0	1	0	1	0	1	0	0
0	0	1	1	0	0	1	0	1	1
1	1	0	0	1	1	0	1	0	0
1	1	0	1	0	1	0	0	1	0

HARD #112

1	0	0	1	0	1	0	1	1	0
1	0	0	1	0	0	1	1	0	1
0	1	1	0	1	1	0	0	1	0
0	0	1	0	0	1	1	0	1	1
1	0	0	1	1	0	1	1	0	0
0	1	1	0	1	0	0	1	1	0
0	1	0	1	0	1	1	0	0	1
1	0	1	0	1	1	0	0	1	0
0	1	1	0	1	0	0	1	0	1
1	1	0	1	0	0	1	0	0	1

HARD #113

0	1	0	0	1	1	0	0	1	1
0	1	0	1	0	0	1	1	0	1
1	0	1	0	0	1	1	0	1	0
0	0	1	0	1	1	0	1	0	1
0	1	0	1	0	0	1	0	1	1
1	0	1	0	1	0	1	1	0	0
1	0	0	1	0	1	0	1	1	0
0	1	1	0	1	0	1	0	0	1
1	0	1	1	0	1	0	0	1	0
1	1	0	1	1	0	0	1	0	0

HARD #114

0	0	1	0	0	1	1	0	1	1
1	0	0	1	0	1	0	1	0	1
0	1	0	1	1	0	0	1	1	0
1	0	1	0	0	1	1	0	0	1
1	0	0	1	1	0	1	0	1	0
0	1	1	0	0	1	0	1	1	0
0	1	1	0	1	0	0	1	0	1
1	0	0	1	1	0	1	0	0	1
0	1	1	0	0	1	1	0	1	0
1	1	0	1	1	0	0	1	0	0

HARD #115

0	0	1	0	1	0	1	1	0	1
1	1	0	0	1	1	0	0	1	0
0	0	1	1	0	0	1	1	0	1
0	0	1	0	1	1	0	1	1	0
1	1	0	1	0	0	1	0	1	0
0	1	0	1	0	1	1	0	0	1
1	0	1	0	1	1	0	1	0	0
0	1	0	1	1	0	0	1	1	0
1	1	0	1	0	0	1	0	0	1
1	0	1	0	0	1	0	0	1	1

HARD #116

0	0	1	0	1	0	1	0	1	1
1	1	0	1	0	0	1	1	0	0
0	0	1	0	1	1	0	0	1	1
0	0	1	0	1	1	0	1	1	0
1	1	0	1	0	0	1	0	0	1
0	1	0	0	1	1	0	1	1	0
1	0	1	1	0	1	0	1	0	0
1	1	0	0	1	0	1	0	0	1
0	1	0	1	0	1	0	1	1	0
1	0	1	1	0	0	1	0	0	1

HARD #117

0	0	1	1	0	0	1	1	0	1
0	0	1	0	0	1	1	0	1	1
1	1	0	0	1	0	0	1	1	0
0	1	0	1	1	0	0	1	0	1
0	0	1	1	0	1	1	0	1	0
1	1	0	0	1	1	0	1	0	0
1	0	1	1	0	0	1	0	0	1
0	0	1	0	1	1	0	0	1	1
1	1	0	0	1	0	1	1	0	0
1	1	0	1	0	1	0	0	1	0

HARD #118

0	0	1	0	1	1	0	0	1	1
1	0	0	1	0	0	1	0	1	1
0	1	1	0	1	0	1	1	0	0
0	0	1	0	1	1	0	1	1	0
1	0	0	1	0	1	1	0	0	1
0	1	1	0	1	0	0	1	1	0
1	1	0	1	0	0	1	0	0	1
0	0	1	1	0	1	0	1	0	1
1	1	0	0	1	0	1	0	1	0
1	1	0	1	0	1	0	1	0	0

HARD #119

0	1	0	0	1	0	1	1	0	1
0	0	1	0	1	0	1	0	1	1
1	1	0	1	0	1	0	1	0	0
0	1	0	0	1	0	1	0	1	1
0	0	1	1	0	1	0	1	0	1
1	0	1	0	0	1	1	0	1	0
1	1	0	1	1	0	0	1	0	0
0	0	1	1	0	0	1	0	1	1
1	0	1	0	1	1	0	1	0	0
1	1	0	1	0	1	0	0	1	0

HARD #120

1	0	0	1	1	0	0	1	1	0
0	1	0	0	1	1	0	1	0	1
0	0	1	0	0	1	1	0	1	1
1	0	0	1	1	0	1	0	1	0
0	1	1	0	1	1	0	1	0	0
0	0	1	1	0	0	1	1	0	1
1	1	0	1	0	1	0	0	1	0
1	0	1	0	1	0	0	1	0	1
0	1	1	0	0	1	1	0	0	1
1	1	0	1	0	0	1	0	1	0

HARD #121

1	0	0	1	0	1	1	0	1	0
1	0	0	1	0	1	0	1	0	1
0	1	1	0	1	0	0	1	1	0
0	0	1	0	0	1	1	0	1	1
1	0	0	1	1	0	1	0	0	1
0	1	1	0	1	1	0	1	0	0
0	1	0	1	0	0	1	0	1	1
1	0	1	0	1	1	0	1	0	0
0	1	1	0	1	0	0	1	0	1
1	1	0	1	0	0	1	0	1	0

HARD #122

0	0	1	1	0	1	1	0	0	1
0	1	0	0	1	0	1	0	1	1
1	0	1	0	0	1	0	1	1	0
0	0	1	1	0	0	1	1	0	1
0	1	0	0	1	1	0	0	1	1
1	0	1	1	0	0	1	0	1	0
1	1	0	0	1	1	0	1	0	0
0	0	1	0	1	1	0	0	1	1
1	1	0	1	0	0	1	1	0	0
1	1	0	1	1	0	0	1	0	0

HARD #123

1	0	0	1	0	0	1	0	1	1
1	0	0	1	0	1	0	0	1	1
0	1	1	0	1	0	1	1	0	0
0	0	1	0	1	0	1	1	0	1
1	1	0	1	0	1	0	0	1	0
0	1	0	0	1	1	0	1	1	0
0	0	1	1	0	0	1	1	0	1
1	1	0	0	1	1	0	0	1	0
0	1	1	0	1	1	0	1	0	0
1	0	1	1	0	0	1	0	0	1

HARD #124

0	0	1	0	1	0	1	1	0	1
0	0	1	0	1	1	0	1	0	1
1	1	0	1	0	0	1	0	1	0
0	0	1	0	0	1	1	0	1	1
1	0	0	1	1	0	0	1	0	1
0	1	1	0	1	0	1	0	1	0
1	1	0	1	0	1	0	1	0	0
0	0	1	1	0	0	1	0	1	1
1	1	0	0	1	1	0	1	0	0
1	1	0	1	0	1	0	0	1	0

HARD #125

0	0	1	0	1	0	1	1	0	1
0	0	1	0	0	1	1	0	1	1
1	1	0	1	1	0	0	1	0	0
0	0	1	0	1	0	1	0	1	1
0	1	0	1	0	1	0	0	1	1
1	1	0	0	1	0	1	1	0	0
1	0	1	1	0	1	0	0	1	0
0	1	0	0	1	0	1	0	1	1
1	1	0	1	0	1	0	1	0	0
1	0	1	1	0	1	0	1	0	0

HARD #126

0	0	1	0	0	1	1	0	1	1
0	0	1	0	1	1	0	1	0	1
1	1	0	1	0	0	1	0	1	0
1	0	0	1	0	1	0	1	1	0
0	0	1	0	1	0	1	1	0	1
0	1	1	0	1	0	1	0	0	1
1	1	0	1	0	1	0	0	1	0
0	0	1	1	0	1	0	1	1	0
1	1	0	0	1	0	1	0	0	1
1	1	0	1	1	0	0	1	0	0

HARD #127

0	0	1	0	0	1	1	0	1	1
1	0	1	0	1	0	1	1	0	0
0	1	0	1	0	1	0	1	0	1
0	0	1	0	1	0	1	0	1	1
1	0	0	1	0	1	0	1	1	0
0	1	1	0	1	0	1	0	0	1
1	1	0	1	0	1	0	0	1	0
0	0	1	0	1	1	0	1	1	0
1	1	0	1	0	0	1	0	0	1
1	1	0	1	1	0	0	1	0	0

HARD #128

0	1	0	1	0	0	1	0	1	1
0	1	0	0	1	1	0	1	1	0
1	0	1	0	1	0	0	1	0	1
0	0	1	1	0	1	1	0	0	1
0	1	0	1	0	1	1	0	1	0
1	0	1	0	1	0	0	1	1	0
1	0	0	1	0	0	1	1	0	1
0	1	1	0	0	1	1	0	0	1
1	0	1	0	1	1	0	0	1	0
1	1	0	1	1	0	0	1	0	0

HARD #129

0	1	0	0	1	1	0	0	1	1
0	0	1	0	1	0	1	0	1	1
1	0	1	1	0	0	1	1	0	0
0	1	0	0	1	1	0	1	1	0
1	0	1	1	0	0	1	0	0	1
0	1	1	0	1	1	0	1	0	0
1	0	0	1	0	1	0	1	1	0
0	0	1	1	0	0	1	0	1	1
1	1	0	0	1	1	0	1	0	0
1	1	0	1	0	0	1	0	0	1

HARD #130

0	1	0	0	1	1	0	0	1	1
1	1	0	0	1	0	1	1	0	0
0	0	1	1	0	0	1	0	1	1
0	0	1	0	1	1	0	1	0	1
1	1	0	0	1	0	1	0	1	0
0	0	1	1	0	0	1	1	0	1
1	0	1	1	0	1	0	0	1	0
0	1	0	0	1	0	1	0	1	1
1	0	1	1	0	1	0	1	0	0
1	1	0	1	0	1	0	1	0	0

HARD #131

0	0	1	0	0	1	1	0	1	1
0	1	0	0	1	0	1	0	1	1
1	0	1	1	0	1	0	1	0	0
0	1	0	1	1	0	0	1	0	1
0	0	1	0	1	0	1	0	1	1
1	1	0	1	0	1	0	1	0	0
1	0	1	0	0	1	1	0	1	0
0	0	1	0	1	0	1	1	0	1
1	1	0	1	0	1	0	0	1	0
1	1	0	1	1	0	0	1	0	0

HARD #132

0	0	1	0	0	1	1	0	1	1
0	0	1	0	1	1	0	1	1	0
1	1	0	1	0	0	1	0	0	1
0	0	1	0	1	0	1	0	1	1
1	0	1	1	0	1	0	1	0	0
0	1	0	1	0	1	0	1	1	0
1	1	0	0	1	0	1	0	0	1
0	0	1	1	0	1	1	0	1	0
1	1	0	0	1	0	0	1	0	1
1	1	0	1	1	0	0	1	0	0

HARD #133

1	0	1	0	0	1	0	0	1	1
0	1	0	1	0	1	1	0	1	0
0	0	1	0	1	0	1	1	0	1
1	0	0	1	1	0	0	1	1	0
0	1	1	0	0	1	1	0	0	1
0	0	1	0	1	1	0	1	1	0
1	1	0	1	0	0	1	1	0	0
0	0	1	0	1	1	0	0	1	1
1	1	0	1	0	0	1	0	0	1
1	1	0	1	1	0	0	1	0	0

HARD #134

1	0	0	1	0	0	1	0	1	1
0	0	1	0	1	1	0	1	0	1
0	1	1	0	0	1	0	1	1	0
1	0	0	1	1	0	1	0	0	1
0	1	0	0	1	0	1	0	1	1
0	0	1	1	0	1	0	1	1	0
1	1	0	1	0	1	0	1	0	0
0	1	1	0	1	0	1	0	0	1
1	0	1	0	0	1	1	0	1	0
1	1	0	1	1	0	0	1	0	0

HARD #135

0	0	1	0	0	1	1	0	1	1
1	0	0	1	1	0	0	1	1	0
0	1	1	0	1	0	0	1	0	1
0	0	1	1	0	1	1	0	1	0
1	0	0	1	0	0	1	0	1	1
0	1	1	0	1	1	0	1	0	0
1	1	0	0	1	0	1	0	0	1
0	0	1	1	0	0	1	0	1	1
1	1	0	0	1	1	0	1	0	0
1	1	0	1	0	1	0	1	0	0

HARD #136

1	1	0	0	1	0	1	0	0	1
1	0	0	1	0	1	0	1	1	0
0	0	1	0	0	1	1	0	1	1
0	1	0	1	1	0	0	1	0	1
1	0	1	0	0	1	1	0	1	0
0	0	1	0	1	0	1	1	0	1
0	1	0	1	1	0	0	1	1	0
1	0	1	1	0	1	0	0	1	0
0	1	1	0	0	1	1	0	0	1
1	1	0	1	1	0	0	1	0	0

HARD #137

0	0	1	0	0	1	1	0	1	1
0	0	1	1	0	0	1	0	1	1
1	1	0	0	1	1	0	1	0	0
1	0	0	1	1	0	1	0	1	0
0	0	1	1	0	0	1	1	0	1
0	1	1	0	1	1	0	0	1	0
1	1	0	0	1	0	0	1	0	1
0	0	1	1	0	1	1	0	0	1
1	1	0	0	1	0	0	1	1	0
1	1	0	1	0	1	0	1	0	0

HARD #138

0	1	0	0	1	1	0	1	1	0
0	0	1	0	0	1	1	0	1	1
1	0	1	1	0	0	1	1	0	0
0	1	0	0	1	1	0	0	1	1
0	0	1	1	0	0	1	0	1	1
1	0	1	0	1	1	0	1	0	0
1	1	0	1	0	0	1	0	0	1
0	0	1	1	0	1	1	0	1	0
1	1	0	0	1	0	0	1	0	1
1	1	0	1	1	0	0	1	0	0

HARD #139

1	0	0	1	0	0	1	0	1	1
1	1	0	0	1	0	1	0	0	1
0	0	1	0	1	1	0	1	1	0
0	0	1	1	0	1	0	0	1	1
1	1	0	0	1	0	1	1	0	0
0	0	1	1	0	1	1	0	1	0
0	1	0	0	1	1	0	1	0	1
1	0	1	1	0	0	1	0	0	1
0	1	1	0	0	1	0	1	1	0
1	1	0	1	1	0	0	1	0	0

HARD #140

0	0	1	0	0	1	1	0	1	1
0	0	1	0	1	0	1	1	0	1
1	1	0	1	0	1	0	0	1	0
0	0	1	0	1	0	1	0	1	1
0	1	0	1	0	1	0	1	0	1
1	0	1	1	0	0	1	1	0	0
1	1	0	0	1	1	0	0	1	0
0	0	1	0	1	1	0	0	1	1
1	1	0	1	0	0	1	1	0	0
1	1	0	1	1	0	0	1	0	0

HARD #141

0	0	1	0	0	1	1	0	1	1
0	0	1	0	1	0	1	1	0	1
1	1	0	1	0	1	0	0	1	0
0	1	1	0	1	0	1	0	1	0
0	0	1	1	0	1	0	1	0	1
1	0	0	1	0	0	1	0	1	1
1	1	0	0	1	1	0	1	0	0
0	0	1	0	1	0	1	0	1	1
1	1	0	1	0	1	0	1	0	0
1	1	0	1	1	0	0	1	0	0

HARD #142

0	1	0	0	1	0	1	0	1	1
1	0	1	0	1	0	1	0	0	1
0	0	1	1	0	1	0	1	1	0
0	1	0	0	1	0	1	1	0	1
1	0	1	1	0	0	1	0	1	0
0	1	0	0	1	1	0	0	1	1
1	0	1	1	0	1	0	1	0	0
0	0	1	1	0	0	1	0	1	1
1	1	0	0	1	1	0	1	0	0
1	1	0	1	0	1	0	1	0	0

HARD #143

0	0	1	1	0	0	1	0	1	1
1	0	0	1	0	0	1	1	0	1
0	1	1	0	1	1	0	0	1	0
0	0	1	0	1	0	1	1	0	1
1	0	0	1	0	1	0	1	1	0
0	1	1	0	0	1	1	0	1	0
1	1	0	0	1	0	0	1	0	1
0	0	1	1	0	1	1	0	0	1
1	1	0	0	1	1	0	0	1	0
1	1	0	1	1	0	0	1	0	0

HARD #144

1	0	0	1	0	0	1	0	1	1
1	0	0	1	0	1	1	0	1	0
0	1	1	0	1	0	0	1	0	1
0	1	1	0	0	1	1	0	1	0
1	0	0	1	0	0	1	1	0	1
1	0	0	1	1	0	0	1	0	1
0	1	1	0	1	1	0	0	1	0
0	0	1	1	0	1	1	0	1	0
1	1	0	0	1	0	0	1	0	1
0	1	1	0	1	1	0	1	0	0

HARD #145

1	0	0	1	1	0	0	1	0	1
1	0	0	1	0	1	1	0	0	1
0	1	1	0	1	0	0	1	1	0
0	0	1	0	0	1	1	0	1	1
1	0	0	1	0	0	1	1	0	1
1	1	0	0	1	1	0	0	1	0
0	1	1	0	0	1	1	0	1	0
0	0	1	1	0	0	1	1	0	1
1	1	0	1	1	0	0	1	0	0
0	1	1	0	1	1	0	0	1	0

HARD #146

1	0	0	1	0	0	1	1	0	1
1	0	1	0	0	1	1	0	1	0
0	1	0	0	1	1	0	0	1	1
0	0	1	1	0	0	1	1	0	1
1	0	0	1	1	0	0	1	1	0
0	1	1	0	0	1	1	0	1	0
1	1	0	0	1	0	0	1	0	1
0	0	1	1	0	1	1	0	0	1
0	1	1	0	1	1	0	0	1	0
1	1	0	1	1	0	0	1	0	0

HARD #147

1	1	0	0	1	0	1	0	1	0
0	0	1	1	0	0	1	1	0	1
1	0	0	1	0	1	0	1	1	0
0	1	0	0	1	0	1	0	1	1
1	0	1	1	0	1	0	1	0	0
0	0	1	0	1	1	0	1	0	1
1	1	0	1	0	0	1	0	1	0
1	0	0	1	0	1	0	1	0	1
0	1	1	0	1	1	0	0	1	0
0	1	1	0	1	0	1	0	0	1

HARD #148

0	0	1	0	0	1	1	0	1	1
0	0	1	1	0	0	1	1	0	1
1	1	0	0	1	1	0	0	1	0
0	0	1	0	1	1	0	1	0	1
0	1	0	1	0	0	1	0	1	1
1	0	1	0	1	1	0	0	1	0
1	1	0	1	0	0	1	1	0	0
0	1	0	0	1	1	0	0	1	1
1	0	1	1	0	0	1	1	0	0
1	1	0	1	1	0	0	1	0	0

HARD #149

1	0	0	1	0	0	1	0	1	1
0	0	1	0	1	1	0	1	1	0
0	1	0	1	0	0	1	1	0	1
1	0	0	1	1	0	1	0	0	1
0	1	1	0	0	1	0	1	1	0
0	1	0	1	0	1	0	1	0	1
1	0	1	0	1	0	1	0	1	0
0	1	1	0	0	1	1	0	0	1
1	1	0	1	1	0	0	1	0	0
1	0	1	0	1	1	0	0	1	0

HARD #150

0	0	1	0	1	0	1	1	0	1
0	1	0	0	1	0	1	0	1	1
1	0	1	1	0	1	0	1	0	0
0	0	1	0	0	1	1	0	1	1
1	1	0	0	1	0	0	1	0	1
0	1	0	1	1	0	1	0	1	0
1	0	1	1	0	1	0	0	1	0
0	0	1	0	1	1	0	1	0	1
1	1	0	1	0	0	1	0	1	0
1	1	0	1	0	1	0	1	0	0

www.ingramcontent.com/pod-product-compliance
Lightning Source LLC
Chambersburg PA
CBHW082217290526
45794CB00009B/3573

* 9 7 9 8 8 6 7 1 5 2 1 9 2 *